21世纪高等学校计算机教育实用规划教材

操作系统原理
习题与实验指导

于世东 王泓 孙笑微 编著

清华大学出版社
北京

内 容 简 介

操作系统是一门实践性非常强的学科,只看书上的理论知识是远远不够的,必须在实践和应用中加以深刻的体会。作者在多年的教学实践和科学研究的基础上,结合操作系统教学大纲、研究生入学考试要求和软考考试大纲编写了本书。作者力求通过大量典型的例题解析和实验实践,帮助学生深入理解并能灵活运用操作系统知识。

本书前8章为习题,每一章的内容分为例题解析、课后自测题、自测题答案及分析三部分。通过例题解析启发学生的思考,通过课后自测题学生可以进行自我检验,教师也可以对学生进行测试。第9章通过8个典型的实验,帮助学生对理论知识加深理解,促进学生进行创新的思考和应用。

本书可作为高等院校计算机相关专业学生学习"操作系统"课程的配套习题集和实验指导,也可作为研究生入学考试的复习资料,对从事计算机工作的科技人员也具有一定的参考价值。

本书封面贴有清华大学出版社防伪标签,无标签者不得销售。
版权所有,侵权必究。 举报:010-62782989,beiqinquan@tup.tsinghua.edu.cn。

图书在版编目(CIP)数据

操作系统原理习题与实验指导/于世东,王泓,孙笑微编著.—北京:清华大学出版社,2017(2022.8重印)
(21世纪高等学校计算机教育实用规划教材)
ISBN 978-7-302-46541-6

Ⅰ.①操… Ⅱ.①于… ②王… ③孙… Ⅲ.①操作系统-高等学校-教学参考资料 Ⅳ.①TP316

中国版本图书馆 CIP 数据核字(2017)第 030375 号

责任编辑:贾 斌 薛 阳
封面设计:常雪影
责任校对:徐俊伟
责任印制:刘海龙

出版发行:清华大学出版社
    网　　址:http://www.tup.com.cn,http://www.wqbook.com
    地　　址:北京清华大学学研大厦A座　　　邮　编:100084
    社 总 机:010-83470000　　　　　　　　　邮　购:010-62786544
    投稿与读者服务:010-62776969,c-service@tup.tsinghua.edu.cn
    质量反馈:010-62772015,zhiliang@tup.tsinghua.edu.cn
    课件下载:http://www.tup.com.cn,010-83470236
印 装 者:北京嘉实印刷有限公司
经　　销:全国新华书店
开　　本:185mm×260mm　　印　张:9.25　　字　数:202千字
版　　次:2017年5月第1版　　　　　　　　　印　次:2022年8月第9次印刷
印　　数:8901~10400
定　　价:29.00元

产品编号:070662-01

出版说明

随着我国高等教育规模的扩大以及产业结构调整的进一步完善,社会对高层次应用型人才的需求将更加迫切。各地高校紧密结合地方经济建设发展需要,科学运用市场调节机制,合理调整和配置教育资源,在改革和改造传统学科专业的基础上,加强工程型和应用型学科专业建设,积极设置主要面向地方支柱产业、高新技术产业、服务业的工程型和应用型学科专业,积极为地方经济建设输送各类应用型人才。各高校加大了使用信息科学等现代科学技术提升、改造传统学科专业的力度,从而实现传统学科专业向工程型和应用型学科专业的发展与转变。在发挥传统学科专业师资力量强、办学经验丰富、教学资源充裕等优势的同时,不断更新教学内容、改革课程体系,使工程型和应用型学科专业教育与经济建设相适应。计算机课程教学在从传统学科向工程型和应用型学科转变中起着至关重要的作用,工程型和应用型学科专业中的计算机课程设置、内容体系和教学手段及方法等也具有不同于传统学科的鲜明特点。

为了配合高校工程型和应用型学科专业的建设和发展,急需出版一批内容新、体系新、方法新、手段新的高水平计算机课程教材。目前,工程型和应用型学科专业计算机课程教材的建设工作仍滞后于教学改革的实践,如现有的计算机教材中有不少内容陈旧(依然用传统专业计算机教材代替工程型和应用型学科专业教材),重理论、轻实践,不能满足新的教学计划、课程设置的需要;一些课程的教材可供选择的品种太少;一些基础课的教材虽然品种较多,但低水平重复严重;有些教材内容庞杂,书越编越厚;专业课教材、教学辅助教材及教学参考书短缺,等等,都不利于学生能力的提高和素质的培养。为此,在教育部相关教学指导委员会专家的指导和建议下,清华大学出版社组织出版本系列教材,以满足工程型和应用型学科专业计算机课程教学的需要。本系列教材在规划过程中体现了如下一些基本原则和特点。

(1) 面向工程型与应用型学科专业,强调计算机在各专业中的应用。教材内容坚持基本理论适度,反映基本理论和原理的综合应用,强调实践和应用环节。

(2) 反映教学需要,促进教学发展。教材规划以新的工程型和应用型专业目录为依据。教材要适应多样化的教学需要,正确把握教学内容和课程体系的改革方向,在选择教材内容和编写体系时注意体现素质教育、创新能力与实践能力的培养,为学生知识、能力、素质协调发展创造条件。

(3) 实施精品战略,突出重点,保证质量。规划教材建设仍然把重点放在公共基础课和专业基础课的教材建设上;特别注意选择并安排一部分原来基础比较好的优秀教材或讲义修订再版,逐步形成精品教材;提倡并鼓励编写体现工程型和应用型专业教学内容和课程体系改革成果的教材。

(4) 主张一纲多本,合理配套。基础课和专业基础课教材要配套,同一门课程可以有多本具有不同内容特点的教材。处理好教材统一性与多样化,基本教材与辅助教材,教学参考书,文字教材与软件教材的关系,实现教材系列资源配套。

(5) 依靠专家,择优选用。在制订教材规划时要依靠各课程专家在调查研究本课程教材建设现状的基础上提出规划选题。在落实主编人选时,要引入竞争机制,通过申报、评审确定主编。书稿完成后要认真实行审稿程序,确保出书质量。

繁荣教材出版事业,提高教材质量的关键是教师。建立一支高水平的以老带新的教材编写队伍才能保证教材的编写质量和建设力度,希望有志于教材建设的教师能够加入到我们的编写队伍中来。

21 世纪高等学校计算机教育实用规划教材编委会
联系人:魏江江 weijj@tup.tsinghua.edu.cn

前　言

操作系统是计算机系统的重要组成部分，是用户使用计算机的基础，作为计算机专业的核心课程，不仅高等学校计算机相关专业的学生必须学习，从事计算机行业的人员也需要深入了解。由于操作系统具有概念性强、内容灵活、所涉及概念和算法比较抽象的特点，因此初学者往往找不到感觉，面对习题更是无从下手。此外，操作系统是一门实践性非常强的学科，只看书、做习题是绝对不够的，必须在实践和应用中加以深刻的体会。因此，在操作系统的教学中，除了课堂教学外，必须有一定学时的实验课。

作者在多年教学实践和科学研究的基础上，结合操作系统教学大纲、研究生入学考试要求和全国计算机技术与软件专业技术资格考试大纲，并在参考了国内外多种操作系统资料的基础上编写了本书。

本书与清华大学出版社出版的《操作系统原理》教材相配套，全书共分为9章，具体内容包括：操作系统引论、进程与线程、进程并发控制、内存管理、页式和段式内存管理、I/O管理、文件管理、死锁、实验指导。

前8章每一章的内容分为例题解析、课后自测题、自测题答案及分析三部分。通过例题解析启发学生的思考，引导学生如何去思考问题、解决问题。通过课后自测题学生可以进行自我检验，教师也可以对学生进行测试。自测题答案及分析部分给出了详细的解答并对难点问题进行了分析，有利于学生平时的学习，也可作为考研的复习资料。

第9章实验指导包括：高响应比作业调度、时间片轮转进程调度、进程同步与互斥、内存分配与回收、FIFO页面置换算法、LRU页面置换算法、独占设备分配与回收和银行家算法。每一个实验内容包括：实验目的和要求、实验内容、实验原理与提示、参考程序。通过实验可以对理论知识进行巩固和加深理解，也激发了学生的探索热情，促进学生进行创新的思考和应用，可以提出新的算法和方法来改进目前的操作系统。

本书第3、4章由于世东编写，第6～8章由王泓编写，第1、2、5章由孙笑微编写，第9章由于世东、王泓、孙笑微共同编写。东北大学于杨博士审阅了全稿并提出了许多有益的意见；沈阳工业大学牛连强教授在本书编写过程中给予了指点和帮助，在此谨向他们表示衷心的感谢。感谢清华大学出版社在本书的出版过程中给予的支持。

由于作者学识浅陋,见闻不广,书中必有不足之处,敬请读者提出批评、指正和建议。我们的 E-mail 地址是:ysd0510@sina.com,也欢迎大家与我们进行交流和探讨。

编　者

2016 年 11 月

目 录

第 1 章 操作系统引论 ··· 1
   1.1 例题解析 ··· 1
   1.2 课后自测题 ·· 3
   1.3 自测题答案及分析 ·· 6

第 2 章 进程与线程 ··· 9
   2.1 例题解析 ··· 9
   2.2 课后自测题 ··· 15
   2.3 自测题答案及分析 ·· 20

第 3 章 进程并发控制 ··· 25
   3.1 例题解析 ··· 25
   3.2 课后自测题 ··· 28
   3.3 自测题答案及分析 ·· 32

第 4 章 内存管理 ··· 39
   4.1 例题解析 ··· 39
   4.2 课后自测题 ··· 42
   4.3 自测题答案及分析 ·· 45

第 5 章 页式和段式内存管理 ·· 50
   5.1 例题解析 ··· 50
   5.2 课后自测题 ··· 56
   5.3 自测题答案及分析 ·· 59

第 6 章　I/O 管理 … 63

6.1　例题解析 … 63
6.2　课后自测题 … 67
6.3　自测题答案及分析 … 71

第 7 章　文件管理 … 75

7.1　例题解析 … 75
7.2　课后自测题 … 78
7.3　自测题答案及分析 … 83

第 8 章　死锁 … 86

8.1　例题解析 … 86
8.2　课后自测题 … 90
8.3　自测题答案及分析 … 94

第 9 章　实验指导 … 98

9.1　高响应比作业调度 … 98
9.2　时间片轮转进程调度 … 101
9.3　进程同步与互斥 … 105
9.4　内存分配与回收 … 112
9.5　FIFO 页面置换算法 … 117
9.6　LRU 页面置换算法 … 120
9.7　独占设备分配与回收 … 124
9.8　银行家算法 … 129

参考文献 … 136

第 1 章　操作系统引论

1.1　例题解析

例题 1　操作系统是一种_____。
　　A. 应用软件　　　B. 系统软件　　　C. 通用软件　　　D. 工具软件

分析：答案 B。计算机软件总体分为系统软件和应用软件两大类：系统软件是各类操作系统，如 Windows、Linux、UNIX 等，还包括操作系统的补丁程序及硬件驱动程序，都是系统软件类。应用软件可以细分的种类就更多了，如工具软件、游戏软件、管理软件等都属于应用软件类。

例题 2　批处理操作系统提高了计算机的工作效率，但_____。
　　A. 系统资源利用率不高
　　B. 在作业执行时用户不能直接干预
　　C. 系统吞吐量小
　　D. 不具备并行性

分析：答案 B。批处理是指用户将一批作业提交给操作系统后就不再干预，由操作系统控制它们自动运行。这种采用批量处理作业技术的操作系统称为批处理操作系统。批处理操作系统分为单道批处理系统和多道批处理系统。批处理操作系统不具有交互性，它是为了提高 CPU 的利用率而提出的一种操作系统。

例题 3　下面关于操作系统的叙述正确的是_____。
　　A. 批处理作业必须具有作业控制信息
　　B. 分时系统不一定都具有人机交互功能
　　C. 从响应时间的角度看，实时系统与分时系统差不多
　　D. 由于采用了分时技术，用户可以独占计算机的资源

分析：答案 A。批处理作业是对每个对象进行相同的操作，可以采用机械化或者程序化来操作，所以必须能够对作业信息进行控制，所以 A 选项是正确的。分时系统必须具有人机交互功能，才能体现分时系统的交互性。从响应时间的角度看，分时系统对于每个请

求都能及时响应,是将时间化为若干个小片段;而实时系统对时间要求比较高,硬软件任何故障都可能带来严重的后果,主要靠及时响应区分实时与分时。分时技术让用户感觉他在独占计算机资源,但他并不是真正独占,一个时间段内,计算机可以将资源共享给所有用户。所以 B、C、D 选项是错误的。

例题 4 现代操作系统的两个基本特征是_____和资源共享。

　　A. 多道程序设计　　　　　　　　B. 中断处理

　　C. 程序的并发执行　　　　　　　D. 实现分时与实时处理

分析:答案 C。并发和共享是操作系统的两个最基本的特征,它们又是互为存在的条件。一方面,资源共享是以程序(进程)的并发执行为条件的,若系统不允许程序并发执行,自然不存在资源共享问题;另一方面,若系统不能对资源共享实施有效管理,协调好诸进程对共享资源的访问,也必然影响到程序并发执行的程度,甚至根本无法并发执行。

例题 5 _____不是操作系统关心的主要问题。

　　A. 管理计算机裸机

　　B. 设计、提供用户程序与计算机硬件系统的界面

　　C. 管理计算机系统资源

　　D. 高级程序设计语言的编译器

分析:答案 D。操作系统(Operating System,OS)是管理和控制计算机硬件与软件资源的计算机程序,是直接运行在"裸机"上的最基本的系统软件,任何其他软件都必须在操作系统的支持下才能运行。所以 D 选项并不是操作系统关心的范畴。

例题 6 在下列性质中,哪一个不是分时系统的特征?_____

　　A. 交互性　　　B. 多路性　　　C. 成批性　　　D. 独占性

分析:答案 C。分时系统有 4 个特征:①多路性,计算机系统能被多个用户同时使用;②独占性,用户和用户之间都是独立操作系统的,在同时操作时并不会发生冲突、破坏、混淆等现象;③及时性,系统能以最快的速度将结果显示给用户;④交互性,用户能和计算机进行人机对话。所以 C 选项是错误的。

例题 7 操作系统负责方便用户管理计算机系统的_____。

　　A. 程序　　　B. 文档资料　　　C. 资源　　　D. 进程

分析:答案 C。操作系统是为了合理组织计算机工作流程,管理分配计算机系统的硬件和软件资源,最大限度地提高计算机系统的利用率。

例题 8 什么是操作系统?它的 5 大主要功能是什么?

答:

操作系统是指控制和管理计算机的软、硬件资源,合理组织计算机的工作流程、方便用户使用的程序集合。5 大功能:处理机管理、存储器管理、设备管理、文件管理、用户接口。

例题 9 什么是多道程序设计?多道程序设计的特点是什么?

答：

多道程序设计：是指允许多个作业（程序）同时进入计算机系统的主存并启动交替计算的方法。操作系统中引入多道程序设计的优点：一是提高 CPU、主存和设备的利用率；二是提高系统的吞吐率，使单位时间内完成的作业数增加；三是充分发挥系统的并行性，设备与设备之间、CPU 与设备之间均可并行工作。其主要缺点是延长作业的周转时间。

例题 10 通常将操作系统分为哪几种类型？各自有什么特点？

答：

（1）批处理操作系统：早期的一种大型计算机操作系统。可对用户作业成批处理，期间无须用户干预，分为单道批处理系统和多道批处理系统。目的是提高系统吞吐量和资源的利用率。

（2）分时操作系统：利用分时技术的一种联机的多用户交互式操作系统，每个用户可以通过自己的终端向系统发出各种操作控制命令，完成作业的运行。分时是指把处理机的运行时间分成很短的时间片，按时间片轮流把处理机分配给各联机作业使用。目的是为了体现交互性。

（3）实时操作系统：一个能够在指定或者确定的时间内完成系统功能以及对外部或内部事件在同步或异步时间内做出响应的系统，实时的意思就是对响应时间有严格要求，要以足够快的速度进行处理。实时操作系统分为硬实时和软实时两种，目的是为了体现及时性。

（4）网络操作系统：一种在通常操作系统功能的基础上提供网络通信和网络服务功能的操作系统。

（5）分布式操作系统：一种以计算机网络为基础的，将物理上分布的具有自治功能的数据处理系统或计算机系统互连起来的操作系统。分布式系统中各台计算机无主次之分，系统中若干台计算机可以并行运行同一个程序，分布式操作系统用于管理分布式系统资源。

1.2 课后自测题

一、选择题

1. 操作系统的功能是进行处理机管理、_____管理、设备管理及信息管理。

  A. 进程   B. 存储器   C. 硬件   D. 软件

2. 操作系统是现代计算机系统不可缺少的组成部分，是为了提高计算机的_____和方便用户使用计算机而配备的一种系统软件。

  A. 速度   B. 利用率   C. 灵活性   D. 兼容性

3. 操作系统的基本类型主要有_____。
   A. 批处理系统、分时系统及多任务系统
   B. 实时操作系统、批处理操作系统及分时操作系统
   C. 单用户系统、多用户系统及批处理系统
   D. 实时系统、分时系统和多用户系统

4. 所谓_____是指将一个以上的作业放入主存,并且同时处于运行状态,这些作业共享处理机的时间和外围设备等其他资源。
   A. 多重处理   B. 多道程序设计   C. 实时处理   D. 共行执行

5. 实时操作系统必须在_____完成来自外部的事件。
   A. 响应时间   B. 周转时间   C. 规定时间   D. 调度时间

6. 分时系统中为了使多个用户能够同时与系统交互,最关键的问题是_____。
   A. 计算机具有足够快的运算速度   B. 能快速进行内外存之间的信息交换
   C. 系统能够及时接收多个用户的输入   D. 短时间内所有用户程序都能运行

7. _____是多道操作系统不可缺少的硬件支持。
   A. 打印机   B. 中断机构   C. 软盘   D. 鼠标

8. 设计实时操作系统时,首先应考虑系统的_____。
   A. 可靠性和灵活性   B. 实时性和可靠性
   C. 多路性和可靠性   D. 优良性和分配性

9. 下面_____不属于操作系统功能。
   A. 用户管理   B. CPU 和存储管理
   C. 设备管理   D. 文件和作业管理

10. 当 CPU 执行系统程序时,CPU 处于_____。
    A. 管态   B. 目态   C. 系统态   D. A 和 C

11. 实时操作系统对可靠性和安全性的要求极高,它_____。
    A. 十分注意系统资源的利用率   B. 不强调响应速度
    C. 不强求系统资源的利用率   D. 不必向用户反馈信息

12. 目前个人计算机中的操作系统主要是_____。
    A. 网络操作系统   B. 批处理操作系统
    C. 单用户操作系统   D. 单道单用户操作系统

13. 下列操作系统中强调并行计算的操作系统是_____。
    A. 分时系统   B. 实时系统
    C. 网络操作系统   D. 分布式操作系统

14. 以下操作系统中属于网络操作系统的是_____。
    A. MS-DOS   B. Windows 98   C. UNIX   D. Windows NT

15. 操作系统向用户提供了三种类型界面,分别是命令界面、程序界面和_____。
   A. 用户界面　　　B. 资源界面　　　C. 图形界面　　　D. 系统调用界面

16. 在_____操作系统控制下,计算机系统能及时处理由过程控制反馈的数据并做出响应。
   A. 实时　　　　　B. 分时　　　　　C. 分布式　　　　D. 单用户

17. 在计算机系统中配置操作系统的主要目的是 __(1)__,操作系统的主要功能是管理计算机系统中的 __(2)__,其中包括 __(3)__ 管理和 __(4)__ 管理,以及设备管理和文件管理。这里的 __(3)__ 管理主要是对进程进行管理。

   (1) A. 增强计算机系统的功能
       B. 提高系统资源的利用率
       C. 提高系统的运行速度
       D. 合理地组织系统的工作流程,以提高系统吞吐量
   (2) A. 程序和数据　B. 进程　　　　C. 资源　　　　　D. 作业
   (3)(4) A. 存储器　　B. 虚拟存储器　C. 运算器　　　　D. 处理机

18. 从用户的观点看,操作系统是_____。
    A. 用户与计算机之间的接口
    B. 控制和管理计算机资源的软件
    C. 合理地组织计算机工作流程的软件
    D. 由若干层次的程序按一定的结构组成

19. 操作系统中采用多道程序设计技术提高 CPU 和外部设备的_____。
    A. 利用率　　　　B. 可靠性　　　　C. 稳定性　　　　D. 兼容性

20. 下面 6 个系统中,必须是实时操作系统的有_____个。
    计算机辅助设计系统
    航空订票系统
    过程控制系统
    机器翻译系统
    办公自动化系统
    计算机激光照排系统
    A. 1　　　　　　B. 2　　　　　　C. 3　　　　　　D. 4

二、填空题

1. 如果一个操作系统兼有批处理、分时处理和实时处理操作系统三者或其中两者的功能,这样的操作系统称为_____。

2. 在主机控制下进行的输入/输出操作称为_____操作。

3. 在内存中同时运行程序的数目可以将批处理系统分为两类:_____和_____。

4. 单道批处理系统是在解决_____和_____的矛盾中发展起来的。

5. 分时系统中的_____是衡量一个分时系统性能的重要指标。

6. 如果操作系统具有很强的交互性,可同时供多个用户使用,系统响应比较及时,则属于_____类型;如果操作系统可靠,响应及时但仅有简单的交互能力,则属于_____类型;如果操作系统在用户提交作业后,不提供交互能力,它所追求的是计算机资源的高利用率、大吞吐量和作业流程的自动化,则属于_____类型。

7. 计算机操作系统是方便用户、管理和控制计算机_____的系统软件。

8. 采用多道程序设计技术能充分发挥_____与_____并行工作的能力。

9. 操作系统目前有5大类型:_____、_____、_____、_____和_____。

10. 操作系统的5大功能是:_____、_____、_____、_____和_____。

三、问答题

1. 试对分时操作系统和实时操作系统进行比较。

2. 采用多道程序设计的主要优点是什么?

3. 什么是操作系统?它有什么基本特征?

4. 推动多道批处理系统形成和发展的主要动力是什么?

5. 网络操作系统和分布式操作系统的区别是什么?

6. 将手工操作、单道批处理、多道批处理、多用户分时系统按CPU的有效利用率,由小到大进行排列。

1.3 自测题答案及分析

一、选择题

1. B 2. B 3. B 4. B 5. C 6. C 7. B 8. B 9. A 10. D 11. C 12. C 13. D 14. D 15. C 16. A 17. (1)B (2)C (3)D (4)A

18. A 分析:B、C、D也符合操作系统的概念,只有A是从用户的观点出发。

19. A 分析:多道程序设计技术的引入就是为了提高资源的利用率和系统的吞吐量。

20. C 分析:航空订票系统属于实时信息处理系统,过程控制系统和计算机激光照排系统属于实时控制系统,这三个系统都属于实时操作系统的范畴。

二、填空题

1. 通用操作系统   2. 联机输入输出   3. 单道批处理系统   多道批处理系统

4. 人机矛盾   CPU和I/O设备之间速度不匹配   5. 响应时间

6. 分时操作系统   实时操作系统   批处理操作系统

7. 软硬件资源   8. 处理机(CPU)   外围设备

9. 批处理系统　分时系统　实时系统　网络操作系统　分布式操作系统

10. 处理机管理　存储器管理　设备管理　文件管理　用户接口

三、问答题

1. 可以从以下几个方面对这两种操作系统进行比较。

(1) 实时信息处理系统与分时操作系统一样都能为多个用户服务，系统按分时原则为多个终端用户服务；而对实时控制系统，则表现为经常对多路现场信息进行采集以及对多个对象或多个执行机构进行控制。

(2) 实时信息处理系统与分时操作系统一样，每个用户各占一个终端，彼此独立操作，互不干扰。因此用户感觉就像他一人独占计算机；而在实时控制系统中信息的采集和对对象的控制也都是彼此互不干扰的。

(3) 实时信息系统对响应时间的要求与分时操作系统类似，都是以人所能接受的等待时间来确定的；而实时控制系统的响应时间则是以控制对象所能接受的延时来确定的。

(4) 分时操作系统是一种通用系统，主要用于运行终端用户程序，因此它具有较强的交互能力。而实时操作系统虽然也有交互能力，但其交互能力不及前者。

(5) 分时操作系统要求系统可靠，相比之下，实时操作系统则要求系统高度可靠。

2. 多道程序设计考虑到作业的运行规律是交替使用 CPU 和 I/O，故将多道程序同时保存在系统中，使各作业对 CPU 和 I/O 的使用在时间上重叠，提高了 CPU 和 I/O 设备的利用率。

3. 操作系统是指控制和管理计算机的软、硬件资源，合理组织计算机的工作流程、方便用户使用的程序集合。操作系统具有以下 4 个基本特征。

(1) 并发性：宏观上在一段时间内有多道程序在同时运行，而微观上这些程序是在交替执行。

(2) 共享性：因程序的并发执行而使系统中的软、硬件资源不再为某个程序独占，而是由多个程序共同使用。

(3) 虚拟性：多道程序设计技术把一台物理计算机虚拟为多台逻辑上的计算机，使得每个用户都感觉自己是"独占"计算机。

(4) 异步性（不确定性）：多道程序系统中，各程序之间存在着直接或间接的联系，程序的推进速度受到其他程序的影响，这样程序运行的顺序、程序完成的时间以及程序运行的结果都是不确定的。

4. (1) 提高 CPU 的利用率；

(2) 可提高内存和 I/O 设备的利用率；

(3) 增加系统吞吐量。

5. 网络 OS 中的用户使用自己的机器可以访问网络上别的机器的资源，通过网络将很多机器连接起来，共享硬件资源，但是整个系统对用户来说是分散的、不透明的。分布式

OS 的用户也是通过网络将多台机器连接起来，但是整个系统对用户是透明的，用户对整个 OS 就好像使用一个自己的机器一样。

6. 由小到大排列顺序：手工操作、单道批处理系统、多用户分时系统、多道批处理系统。

（1）手工操作没有操作系统，属于单道程序系统，大量的处理机时间被人工操作所浪费，因此 CPU 的利用率很低。

（2）单道批处理系统在一定程度上克服了手工操作的缺点，但仍属于单道程序系统，大量的 CPU 时间浪费在等待 I/O 操作的完成上。因此它的 CPU 利用率比手工操作的系统要高，但比多道程序系统要低。

（3）多用户分时系统是多道程序系统，具有交互性。但是程序的分时运行需 CPU 不断地在多个程序之间进行切换，这种切换需要占用 CPU 时间。

（4）多道批处理系统是多道程序系统，没有交互性。CPU 在执行一道程序时一般不切换到其他程序，只有在需要等待某种事件发生时，才切换到另一程序执行。因此，它的 CPU 切换次数远远低于分时系统，而 CPU 的有效利用率高于批处理系统。

第 2 章 进程与线程

2.1 例题解析

例题 1 进程和程序的本质区别是_____。
    A. 存储在内存和外存
    B. 顺序和非顺序执行机器指令
    C. 分时使用和独占使用计算机资源
    D. 动态和静态特征

分析：答案 D。进程定义为程序在并发环境中的执行过程,它与程序是完全不同的概念。主要区别是：①程序是静态概念,是永久性软件资源；而进程是动态概念,是动态生存的暂存性资源。②进程是一个能独立运行的单位,能与其他进程并发执行,系统是以进程为单位分配 CPU 的；而程序则不能作为一个能独立运行的单位。③程序和进程没有一一对应关系。一个程序在工作时可以由多个进程工作,一个进程在工作时至少对应有一个程序。④各个进程在并发执行时会产生制约关系,使各自推进的速度不可预测；而程序作为静态概念,不存在这种异步特征。

例题 2 进程控制块是描述进程状态和特性的数据结构,一个进程_____。
    A. 可以有多个进程控制块
    B. 可以和其他进程共用一个进程控制块
    C. 可以没有进程控制块
    D. 只能有唯一的一个进程控制块

分析：答案 D。进程控制块(PCB)是系统为了管理进程设置的一个专门的数据结构。系统用它来记录进程的外部特征,描述进程的运动变化过程。同时,系统可以利用 PCB 来控制和管理进程,所以说 PCB(进程控制块)是系统感知进程存在的唯一标志。一个进程只能有唯一的一个进程控制块。

例题 3 下列进程状态的转换中,不正确的是_____。
    A. 就绪到运行
    B. 运行到就绪
    C. 就绪到阻塞
    D. 阻塞到就绪

分析：答案 C。根据进程三种基本状态的转换,不存在从就绪状态到阻塞状态,进程在就绪状态先经过进程调度转化为运行态,再由于 I/O 请求从运行态转化为阻塞态。

例题 4 下列各项步骤中,哪一个不是创建进程所必需的步骤? _____
  A. 建立一个进程控制块 PCB
  B. 由 CPU 调度程序为进程调度 CPU
  C. 为进程分配内存等必要的资源
  D. 将 PCB 链入进程就绪队列

分析:答案 B。进程创建的过程包括:①申请空白 PCB。②为新进程分配资源。③初始化进程控制块。④如果进程就绪队列能够接纳新进程,便将新进程插入就绪队列。

例题 5 一个进程被唤醒意味着_____。
  A. 该进程重新占有了 CPU   B. 它的优先权变为最大
  C. 其 PCB 移至等待队列队首   D. 进程变为就绪状态

分析:答案 D。一个进程被唤醒意味着进程由阻塞态转换为就绪态,所以 D 选项是正确的。进程重新占有了 CPU 是从就绪态转换为执行态,所以 A 选项是错误的。进程被唤醒并不意味着优先权一定变为最大,所以 B 选项是错误的。PCB 移至等待队列队首是从执行态转换为阻塞态,所以 C 选项是错误的。

例题 6 对于一个单 CPU 系统,允许若干进程同时执行,轮流占用 CPU,称它们为_____的。
  A. 顺序执行   B. 同时执行   C. 并行执行   D. 并发执行

分析:答案 D。在单处理机系统中,进程是并发执行的。进程的基本特征有动态性、并发性、独立性、异步性及结构特征。

例题 7 进程调度的关键问题是选择合理的_____,并恰当地进行代码转换。
  A. 时间片间隔   B. 调度算法   C. CPU 速度   D. 内存空间

分析:答案 B。A、C、D 选项都是由硬件决定的。

例题 8 采用时间片轮转法进行进程调度是为了_____。
  A. 多个终端都能得到系统的及时响应   B. 先来先服务
  C. 优先级较高的进程得到及时响应   D. 需要 CPU 最短的进程先做

分析:答案 A。时间片轮转法多用在分时操作系统中,从而保证各个终端都能得到系统的及时响应和交互。

例题 9 作业生存期共经历 4 个状态,它们是提交、后备、_____和完成。
  A. 就绪   B. 执行   C. 等待   D. 开始

分析:答案 B。作业状态分为 4 种:提交、后备、执行和完成。

例题 10 现有三个同时到达的作业 J1、J2 和 J3,它们的执行时间分别是 T1、T2 和 T3,且 T1<T2<T3。系统按单道方式运行且采用短作业优先算法,则平均周转时间是_____。

A. T1＋T2＋T3   B. (T1＋T2＋T3)/3
C. (3T1＋2T2＋T3)/3   D. (T1＋2T2＋3T3)/3

分析：答案C。作业执行顺序 J1,J2,J3，见表2-1。

表2-1 作业执行顺序

作 业	到达时间	运行时间	完成时间	周转时间
J1	0	T1	T1	T1
J2	0	T2	T1＋T2	T1＋T2
J3	0	T3	T1＋T2＋T3	T1＋T2＋T3
平均周转时间				(3T1＋2T2＋T3)/3

例题 11 一作业 8:00 到达系统，估计运行时间为 1 小时。若 10:00 开始执行该作业，其响应比是_____。

A. 2　　　　B. 1　　　　C. 3　　　　D. 0.5

分析：答案C。响应比＝响应时间/服务时间，响应时间＝等待时间＋服务时间＝2＋1＝3，Rp＝3/1＝3。

例题 12 设有三个作业，它们的到达时间和运行时间如表2-2所示，并在一台处理机上按单道方式运行。如按响应比高者优先算法，则作业执行的次序是_____。

表2-2 作业到达时间和运行时间

作　业	到达时间	运行时间/小时
J1	8:00	2
J2	8:30	1
J3	9:30	0.25

A. J1,J2,J3　　B. J1,J3,J2　　C. J2,J3,J1　　D. J3,J2,J1

分析：答案B。①开始时只有作业J1，作业J1被选中，执行时间两小时；②作业1执行完毕后，作业J2和J3都到达，响应比分别为(2－0.5)/1＝1.5,(2－1.5)/0.25＝2，作业J3被选中，执行时间0.25小时；③作业J3执行完毕后，作业J2被选中，执行时间1小时，所以执行顺序为J1,J3,J2。

例题 13 根据进程的紧迫性程度进行进程调度，应采用_____。

A. 先来先服务调度算法　　　　B. 最高优先级调度算法
C. 时间片轮转调度算法　　　　D. 分级调度算法

分析：答案B。先来先服务、时间片轮转和分级调度都不能达到处理紧迫性进程的目的，因此答案为B选项。

例题 14 操作系统为什么要引入进程？进程与程序的关系是怎样的？

答：
在现代计算机系统中程序有并发执行和资源共享的需要，使得系统的工作情况变得非常复杂,而程序作为机器指令集合,这一静态概念已经不能如实反映程序并发执行过程的动态性,因此,引入进程的概念来描述程序的动态执行过程。

进程定义为程序在并发环境中的执行过程,它与程序是完全不同的概念。主要区别是:①程序是静态概念,是永久性软件资源;而进程是动态概念,是动态生存的暂存性资源。②进程是一个能独立运行的单位,能与其他进程并发执行,系统是以进程为单位分配CPU的;而程序则不能作为一个独立运行的单位。③程序和进程没有一一对应关系。一个程序在工作时可以由多个进程工作,一个进程在工作时至少对应有一个程序。④各个进程在并发执行时会产生制约关系,使各自推进的速度不可预测;而程序作为静态概念,不存在这种异步特征。

例题 15 在一个单 CPU 的多道程序设计系统中,若在某一时刻有 N 个进程同时存在,那么处于运行态、等待态和就绪态进程个数的最小值和最大值分别可能是多少?

答:各状态最值如表 2-3 所示。

表 2-3 处于各状态的最值

	最 小 值	最 大 值
运行态	0	1
等待态	0	N
就绪态	0	$N-1$

例题 16 某系统的进程状态转换图如图 2-1 所示,请回答:

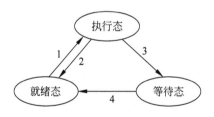

图 2-1 进程状态转换图

(1) 引起各种状态转换的典型事件有哪些?

(2) 当我们观察系统中某些进程时,能够看到某一进程产生的一次状态转换能引起另一个进程做一次状态转换。在什么情况下,当一个进程发生转换 3 时,能立即引起另一进程发生转换 1?

(3) 试说明是否会发生这些因果转换:2→1;3→2;4→1。

答:

(1) 在本题所给的进程状态转换图中,存在 4 种状态转换。当进程调度程序从就绪队列中选取一个进程投入运行时引起转换 1;正在执行的进程如因时间片用完而被暂停执行就会引起转换 2;正在执行的进程因等待的事件尚未发生而无法执行(如进程请求执行 I/O)则会引起转换 3;当进程等待的事件发生时(如 I/O 完成)则会引起转换 4。

(2) 如果就绪队列非空,则一个进程的转换 3 会立即引起另一个进程的转换 1。这是因为一个进程发生转换 3 意味着正在执行的进程由执行状态变为阻塞状态,这时处理机空闲,进程调度程序必然会从就绪队列中选取一个进程并将它投入运行,因此只要就绪队列非空,一个进程的转换 3 能立即引起另一个进程的转换 1。

(3) 所谓因果转换指的是有两个转换,一个转换的发生会引起另一个转换的发生,前一个转换称为因,后一个转换称为果,这两个转换称为因果转换。当然这种因果关系并不是什么时候都能发生,而是在一定条件下才会发生。

2→1:当某进程发生转换 2 时,就必然引起另一进程的转换 1。因为当发生转换 2 时,正在执行的进程从执行状态变为就绪状态,进程调度程序必然会从就绪队列中选取一个进程投入运行,即发生转换 1。

3→2:某个进程的转换 3 绝不可能引起另一进程发生转换 2。这是因为当前执行进程从执行状态变为阻塞状态,不可能又从执行状态变为就绪状态。

4→1:当处理机空闲且就绪队列为空时,某一进程的转换 4 就会引起该进程的转换 1。因为此时处理机空闲,一旦某个进程发生转换 4,就意味着有一个进程从阻塞状态变为就绪状态,因而调度程序就会将就绪队列中的此进程投入运行。

例题 17 某分时系统的进程出现如图 2-2 所示的状态变化。

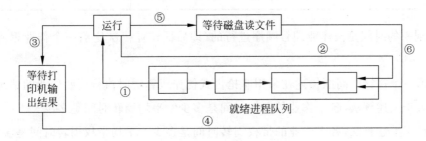

图 2-2 分时系统进程状态

试问:
(1) 该系统采用的是何种进程调度算法?
(2) 把图中所示的每一个状态变化的原因填写在表 2-4 中。

表 2-4 状态变化原因

变 化	原 因
①	
②	
③	
④	
⑤	
⑥	

答:

(1) 时间片轮转调度算法。

(2) 答案如表 2-5 所示。

表 2-5 状态变化原因答案

变 化	原 因
①	进程调度
②	时间片到
③	请求打印机输出
④	打印机输出完成
⑤	请求磁盘读文件
⑥	磁盘读完文件

例题 18 假定在单 CPU 条件下有如表 2-6 所示要执行的作业。

表 2-6 作业

作 业	运 行 时 间	优 先 级
1	10	2
2	4	3
3	3	5

作业到来的时间是按作业编号顺序进行的(即后面作业依次比前一个作业迟到一个时间单位)。

(1) 用一个执行时间图描述在采用非抢占式优先级算法时执行这些作业的情况。

(2) 对于上述算法,各个作业的周转时间是多少?平均周转时间是多少?

(3) 对于上述算法,各个作业的带权周转时间是多少?平均带权周转时间是多少?

答:

(1) 非抢占式优先级算法

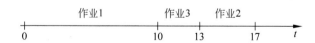

(2) 和(3)答案如表 2-7 所示。

表 2-7 各作业周转时间

作 业	到 达 时 间	运 行 时 间	完 成 时 间	周 转 时 间	带权周转时间
1	0	10	10	10	1.0
2	1	4	17	16	4.0
3	2	3	13	11	3.7
平均周转时间			12.3		
平均带权周转时间			2.9		

2.2　课后自测题

一、选择题

1. 在进程管理中,当_____时进程从阻塞状态变为就绪状态。
   A. 进程被进程调度程序选中　　　B. 等待某一事件
   C. 等待的事件发生　　　　　　　D. 时间片用完

2. 分配到必要的资源并获得处理机时的进程状态是_____。
   A. 就绪状态　　B. 执行状态　　C. 阻塞状态　　D. 撤销状态

3. 进程的三个基本状态在一定条件下可以相互转化,进程由就绪状态变为运行状态的条件是__(1)__;由运行状态变为阻塞状态的条件是__(2)__。
   A. 时间片用完　　　　　　　　　B. 等待某事件发生
   C. 等待的某事件已发生　　　　　D. 被进程调度程序选中

4. 一个运行的进程用完了分配给它的时间片后,它的状态变为_____。
   A. 就绪
   B. 等待
   C. 运行
   D. 由用户自己确定

5. 下面对进程的描述中,错误的是_____。
   A. 进程是动态的概念　　　　　　B. 进程执行需要处理机
   C. 进程是有生命期的　　　　　　D. 进程是指令的集合

6. 多道程序环境下,操作系统分配资源以_____为基本单位。
   A. 程序　　　　B. 指令　　　　C. 进程　　　　D. 作业

7. 支持多道程序设计的操作系统在运行过程中,不断地选择新进程运行来实现 CPU 的共享,但其中_____不是引起操作系统选择新进程的直接原因。
   A. 运行进程的时间片用完　　　　B. 运行进程出错
   C. 运行进程要等待某一事件的发生　　　D. 有新进程进入就绪状态

8. 对于一个单 CPU 系统,如果系统中有 n 个进程,则就绪队列中进程的个数最多为_____。
   A. $n+1$　　　B. n　　　C. $n-1$　　　D. 1

9. 一个程序与和它有关的进程的对应关系是_____。
   A. 一对一　　B. 多对一　　C. 一对多　　D. 多对多

10. 在分时操作系统中,进程调度经常采用_____算法。
    A. 先来先服务　　B. 最高优先权　　C. 时间片轮转　　D. 随机

11. _____优先权是在创建进程时确定的,确定之后在整个进程运行期间不再改变。

A. 先来先服务　　B. 静态　　C. 动态　　D. 短作业

12. ＿＿＿＿是作业存在的唯一标志。
    A. 作业名　　B. 进程控制块　　C. 作业控制块　　D. 程序名

13. 作业调度算法的选择常考虑因素之一是使系统有最高的吞吐量,为此应＿＿＿＿。
    A. 不让处理机空闲　　　　　　B. 能够处理尽可能多的作业
    C. 使各类用户都满意　　　　　D. 不使系统过于复杂

14. 作业调度程序从处于＿＿＿＿状态的队列中选取适当的作业投入运行。
    A. 运行　　B. 提交　　C. 完成　　D. 后备

15. ＿＿＿＿是指从作业提交给系统到作业完成的时间间隔。
    A. 周转时间　　B. 响应时间　　C. 等待时间　　D. 运行时间

16. 作业从进入后备队列到被调度程序选中的时间间隔称为＿＿＿＿。
    A. 周转时间　　B. 响应时间　　C. 等待时间　　D. 触发时间

17. 下述作业调度算法中,＿＿＿＿调度算法与作业的估计运行时间有关。
    A. 先来先服务　　B. 短作业优先　　C. 优先权　　D. 时间片轮转

18. 响应比是指＿＿＿＿。
    A. 作业计算时间与作业等待时间之比
    B. 作业周转时间与作业计算时间之比
    C. 系统调度时间与作业等待时间之比
    D. 系统调度时间与作业计算时间之比

19. 一个作业的完成要经过若干加工步骤,每个步骤称为＿＿＿＿。
    A. 作业流　　B. 子程序　　C. 子进程　　D. 作业步

20. 在批处理方式下,操作员把一批作业组织成＿＿＿＿向系统成批输入。
    A. 作业步　　B. 作业流　　C. 子程序　　D. 程序组

21. 采用最高优先级调度算法时,对那些具有相同优先级的进程分配 CPU 的次序是＿＿＿＿。
    A. 时间片轮转　　　　　　B. 运行时间长短
    C. 先来先服务　　　　　　D. 使用外围设备多少

22. 下列的进程状态变化中,＿＿＿＿变化是不可能发生的。
    A. 运行—就绪　　B. 运行—等待　　C. 等待—运行　　D. 等待—就绪

23. 通常用户进程被建立后,＿＿＿＿。
    A. 便一直存于系统中,直到被操作人员撤销
    B. 随着作业运行正常或不正常结束而撤销
    C. 随着时间片轮转而撤销与建立
    D. 随着进程的阻塞或唤醒而撤销与建立

24. 当作业进入完成状态，操作系统_____。

   A. 将删除该作业并收回其所占资源，同时输出结果

   B. 将该作业的控制块从当前作业队列中剔除，收回其所占资源

   C. 将收回该作业所占资源并输出结果

   D. 将输出结果并删除内存中的作业

25. 既考虑作业等待时间，又考虑作业执行时间的调度算法是_____。

   A. 响应比高者优先　B. 短作业优先　　C. 优先级调度　　D. 先来先服务

26. 以下叙述中正确的是_____。

   A. 操作系统的作业管理是一种微观的低级管理

   B. 作业的提交方式有两种，但对应的作业控制方式只有一种

   C. 一个作业从进入系统到运行结束，一般要经历的状态是：后备状态、就绪状态和完成状态

   D. 多道批处理与单道批处理的主要区别在于它必须有作业调度功能和进程调度功能，内存中可以存放多道作业

27. 假设如表2-8所示4个作业同时到达，当使用最高优先级优先调度算法时，作业的平均周转时间为_____小时。

表 2-8　作业

作　业	所需运行时间	优　先　级
1	2	4
2	5	9
3	8	1
4	3	8

   A. 4.5　　　　　B. 10.5　　　　　C. 4.75　　　　　D. 10.25

28. 设有4个作业同时到达，每个作业的执行时间均为两小时，它们在一台处理机上按单道方式运行，则平均周转时间为_____。

   A. 1小时　　　　B. 5小时　　　　C. 2.5小时　　　D. 8小时

29. 设有三个作业J1、J2、J3，其运行的时间分别为1、2、3小时；假定这些作业同时到达，并在一台处理机上按单道运行，则平均周转时间最小的执行序列是_____。

   A. J1,J2,J3　　　B. J1,J3,J2　　　C. J2,J1,J3　　　D. J2,J3,J1

30. 下列进程调度算法中，_____可能会出现进程长期得不到调度的情况。

   A. 非抢占式静态优先权法　　　　B. 抢占式调度中采用静态优先权法

   C. 分时处理中的时间片轮转调度算法　　D. 非抢占式调度中采用FIFO算法

二、填空题

1. 进程的基本特征有_____、_____、独立性、异步性及结构特征。

2. 若使当前运行的进程总是优先级最高的进程,应选择_____进程调度算法。

3. 在一个具有分时兼批处理的计算机操作系统中,如果有终端作业和批处理作业混合同时执行,_____作业应优先占用处理器。

4. 作业调度又称_____,其主要功能是_____,并为作业做好运行前的准备工作和作业完成后的善后处理工作。

5. 确定作业调度算法时应注意系统资源的均衡使用,使_____作业和_____作业搭配运行。

6. 设有一组作业,它们的提交时间及运行时间如表 2-9 所示。

表 2-9 作业提交时间及运行时间

作 业 号	提 交 时 间	运行时间/分钟
1	9:00	70
2	9:40	30
3	9:50	10
4	10:10	5

在单道方式下,采用短作业优先调度算法,作业的执行顺序是_____。

7. _____调度是处理机的高级调度,_____调度是处理机的低级调度。

8. 如果系统中所有作业是同时到达的,则使作业平均周转时间最短的作业调度算法是_____。

9. 一个理想的作业调度算法应该既能_____,又能使进入系统的作业_____得到计算结果。

10. 响应比高者优先算法综合考虑了作业的_____和_____。

11. 时间片是指允许进程一次占用处理器的_____。时间片轮转调度算法常用于_____操作系统中。

12. 进程的切换是由_____引起的,总是发生在_____发生之后。

13. 进程的三个基本状态是_____、_____和_____。

14. 程序的_____执行是现代操作系统的基本特征之一,为了更好地描述这一特征而引入了_____这一概念。

15. 进程由_____、_____、_____三部分组成,其中_____是进程存在的唯一标志。而_____部分也可以为其他进程共享。

16. 在一个处理机当中,若有 5 个用户进程,且假设当前时刻为用户态,则处于就绪状态的用户进程最多有_____个,最少有_____个。

17. 程序段 S1、S2、S3、S4 之间存在下面的前驱关系:S1→S2,S2→S3,S1→S4,可以并发执行的程序段是_____。

18. 在操作系统中引入线程概念的主要目的是_____。

19. 在抢占调度方式中,抢占的原则是_____、_____、_____。

20. 进程调度算法采用等时间片轮转法时,时间片过大,就会使轮转法转化为_____调度算法。

21. _____调度算法有利于 CPU 繁忙型的作业,而不利于 I/O 繁忙型的作业。_____调度算法有利于 I/O 繁忙型的作业,而不利于 CPU 繁忙型的作业。

22. 在现代操作系统中,资源的分配单位是_____,而处理机的调度单位是_____,一个进程可以有_____线程。

三、简答题

1. 为了实现并发进程间的合作和协调工作,以及保证系统的安全,操作系统在进程管理方面应做哪些工作?

2. 进程的定义是什么?它有哪三种基本状态?

3. 关于处理机调度,试问:①什么是处理机三级调度?②处理机三级调度分别在什么情况下发生?③各级调度分别完成什么工作?

4. 什么是线程?进程和线程的主要区别是什么?

5. 设有 4 道作业,它们的提交时间及执行时间如表 2-10 所示。

表 2-10 作业提交时间及执行时间

作业号	提交时间	运行时间/小时
1	10:00	2
2	10:20	1
3	10:40	0.5
4	10:50	0.3

试计算在单道程序环境下,采用先来先服务调度算法和短作业优先调度算法时的平均周转时间和平均带权周转时间,并指出它们的调度顺序。

6. 假设有 4 个作业,它们的提交、运行时间如表 2-11 所示。若采用高响应比优先调度算法,试问平均周转时间和平均带权周转时间为多少?

表 2-11 作业到达时间及运行时间

作业号	到达时间	运行时间/小时
J1	8:00	2
J2	8:30	0.5
J3	8:50	0.1
J4	9:00	0.4

7. 若后备作业队列中等待运行的同时有三个作业 J1、J2、J3,已知它们各自的运行时间为 a、b、c,且满足 $a<b<c$,试证明采用短作业优先调度算法能获得最小平均作业周转时间。

8. 若有如表2-12所示4个作业进入系统,分别计算在FCFS、SJF和HRRF算法下的平均周转时间与带权平均周转时间。

表2-12 作业提交时间及估计运行时间

作 业	提 交 时 间	估计运行时间/分钟
1	8:00	120
2	8:50	50
3	9:00	10
4	9:50	20

2.3 自测题答案及分析

一、选择题

1. C 2. B 3. (1) D (2) B 4. A 5. D 6. C 7. D 8. C 9. C 10. C
11. B 12. C 13. B 14. D 15. A 16. C 17. B 18. B 19. D 20. B 21. C

22. C 分析:处于等待状态的进程必须先被唤醒转换到就绪态后,才能经过进程调度转换到运行态,所以不可能由等待态直接转到运行态。

23. B 分析:每一个进程都有生命期,即从创建到消亡的时间周期。当操作系统为一个程序构造一个进程控制块并分配地址空间之后,就创建了一个进程。用户可以任意地取消用户的作业,随着作业运行的正常或不正常结束,进程也被撤销了。

24. B 分析:当作业进入完成状态,操作系统将该作业的控制块从当前作业队列中剔除,收回其所占资源。

25. A 分析:高响应比优先调度算法的特点:①如果作业的等待时间相同,则要求服务的时间愈短,其优先权愈高,因而该算法有利于短作业。②当要求服务的时间相同时,作业的优先权决定于其等待时间,等待时间愈长,其优先权愈高,因而它实现的是先来先服务。③对于长作业,作业的优先级可以随等待时间的增加而提高,当其等待时间足够长时,其优先级便可升到很高,从而也可获得处理机。

26. D 分析:操作系统的作业管理是一种宏观的高级管理,所以 A 选项是错误的。作业的提交方式有两种,对应的作业控制方式也有两种:脱机控制与联机控制,所以 B 选项是错误的。一个作业从进入系统到运行结束,一般要经历的状态是:提交状态、后备状态、执行状态和完成状态,所以 C 选项是错误的。多道批处理与单道批处理的主要区别在于它必须有作业调度功能和进程调度功能,内存中可以存放多道作业,D 选项是正确的。

27. D 分析:如表2-13所示。

表 2-13　作业分析

作　业	到 达 时 间	运 行 时 间	完 成 时 间	周 转 时 间
1	0	2	10	10
2	0	5	5	5
3	0	8	18	18
4	0	3	8	8
平均周转时间				10.25

28．B 分析：如表 2-14 所示。

表 2-14　作业分析

作　业	到 达 时 间	运 行 时 间	完 成 时 间	周 转 时 间
1	0	2	2	2
2	0	2	4	4
3	0	2	6	6
4	0	2	8	8
平均周转时间				5

29．A 分析：一台处理机上按单道运行，平均周转时间最小的是短作业优先序列，因为 J1 的运行时间小于 J2 的运行时间，J2 的运行时间小于 J3 的运行时间，所以选 A 选项。

30．B 分析：抢占式调度中采用静态优先权法，有可能导致某些优先权很低的进程，由于在执行过程中优先权保持不变，从而一直被其他高优先权的进程抢占 CPU 资源出现长期得不到调度的情况。

二、填空题

1．动态性　并发性　2．抢占式(剥夺式)　3．终端型

4．高级调度　按照某种原则从后备作业队列中选取作业

5．I/O 繁忙型　CPU 繁忙型　6．1、4、3、2　7．作业　进程

8．短作业优先(SJF)调度算法　9．提高系统效率　及时

10．等待时间　计算时间(运行时间)　11．最长时间　分时

12．进程状态的变化　中断事件　13．就绪态　执行态　阻塞态

14．并发　进程　15．程序段　数据段　PCB　PCB　程序段

16．4　0　17．S2 与 S4,S3 与 S4

18．缩短系统切换的时空开销,提高程序执行并发度

19．优先权　短作业(进程)优先　时间片　20．先来先服务

21．先来先服务　短作业优先　22．进程　线程　多个

三、简答题

1．为了实现并发进程间的合作和协调工作，以及保证系统的安全，操作系统在进程管理方面主要有进程控制、进程同步、进程通信、进程调度。

(1) 进程控制：系统必须设置一套控制机构来实现进程创建、进程撤销以及进程在运行过程中的状态转换。

(2) 进程同步：系统必须设置同步机制来实现对所有进程的运行进行协调，协调的方式包括进程的互斥和进程的同步。

(3) 进程通信：多道程序环境下可能需要诸进程合作完成一个任务，这些进程相互间需要通过交换信息来协调各自工作的进度。因此系统必须具有进程之间通信（交换信息）的能力。

(4) 进程调度：系统必须能够在处理机空闲时，按一定算法从就绪进程队列中选择一个就绪进程，把处理机分配给它，并为之设置运行的现场使其投入运行。

2. 进程的定义：

(1) 进程是程序的一次执行。

(2) 进程是一个程序及其数据在处理机上顺序执行所发生的活动。

(3) 进程是程序在一个数据集合上运行的过程，它是系统进行资源分配和调度的一个独立单位。

进程是进程实体的运行过程，是系统进行资源分配和调度的一个独立单位。进程的三种基本状态是就绪状态、执行状态、阻塞状态（等待状态）。

3. ① 处理机三级调度是：高级调度（作业调度）、中级调度（交换调度）和低级调度（进程调度），它们构成了操作系统内的多级调度，不同类型的操作系统不一定都有这三种调度。

② 高级调度是在需要从后备作业队列调度作业进入内存运行时发生的；低级调度是在处理机空闲时需要调度一个就绪进程投入运行时发生的；中级调度是在内存紧张不能满足进程运行需要时发生的。

③ 高级调度决定把外存中处于后备队列的哪些作业调入内存，并为它们创建进程和分配必要的资源，然后将新创建的进程接入就绪队列准备执行。低级调度则决定就绪队列中的哪个进程将获得处理机，并将处理机分配给该进程使用。中级调度是在内存资源紧张的情况下暂时将不运行的进程调至外存，待内存空闲时再将外存上具有运行条件的就绪进程重新调入内存。

4. 线程是进程中执行运算的最小单位，即处理机调度的基本单位。

进程和线程的主要区别如下。

(1) 调度方面：线程是独立调度的基本单位，进程是资源拥有的基本单位。

(2) 拥有资源：进程拥有系统资源，线程不拥有系统资源，只有一点儿必不可少的资源。

(3) 并发性：进程之间可以并发执行，同一进程内的线程也可以并发执行。

(4) 系统开销：进程开销大，线程开销少。

5. 若采用先来先服务调度算法,则其调度顺序为 1、2、3、4,如表 2-15 所示。

表 2-15 先来先服务调度算法

作 业 号	执行时间/分钟	到达时间/分钟	完成时间/分钟	周转时间/分钟	带权周转时间/分钟
1	120	0	120	120	1.0
2	60	20	180	160	2.67
3	30	40	210	170	5.67
4	18	50	228	178	9.89

平均周转时间　　　$T=(120+160+170+178)/4=157$

平均带权周转时间　$W=(1.0+2.67+5.67+9.89)/4=4.81$

若采用短作业优先调度算法,则其调度顺序为 1、4、3、2,如表 2-16 所示。

表 2-16 短作业优先调度算法

作 业 号	执行时间/分钟	到达时间/分钟	完成时间/分钟	周转时间/分钟	带权周转时间/分钟
1	120	0	120	120	1.0
2	60	20	228	208	3.47
3	30	40	168	128	4.27
4	18	50	138	88	4.89

平均周转时间　　　$T=(120+208+128+88)/4=136$

平均带权周转时间　$W=(1.0+3.47+4.27+4.89)/4=3.41$

6. 根据响应比的定义每次调度前计算出各作业的响应比:①开始时只有作业 J1,作业 J1 被选中,执行时间 120 分钟;②作业 J1 执行完毕后,作业 J2、J3 和 J4 都到达,响应比分别为 $(120-30)/30=3$,$(120-50)/6=11.67$,$(120-60)/24=2.5$,作业 J3 被选中,执行时间 6 分钟;③作业 J3 执行完毕后,计算 J2 和 J4 的响应比分别为 $(126-30)/30=3.2$,$(126-60)/24=2.75$,作业 J2 被选中,执行时间 30 分钟;④作业 J2 执行完毕后,作业 J4 被选中,执行时间 24 分钟,所以执行顺序为 J1,J3,J2,J4,如表 2-17 所示。

表 2-17 作业分析

作 业 号	执行时间/分钟	到达时间/分钟	完成时间/分钟	周转时间/分钟	带权周转时间/分钟
J1	120	0	120	120	1.0
J2	30	30	156	126	4.2
J3	6	50	126	76	12.67
J4	24	60	180	120	5

平均周转时间为　　$T=(120+126+76+120)/4=110.5$

平均带权周转时间　　$W=(1.0+4.2+12.67+5)/4=5.72$

7. 证明：采用短作业优先调度算法时，三个作业的总周转时间为：
$$T1 = a+(a+b)+(a+b+c) = 3a+2b+c \quad ①$$
若不按短作业优先算法调度，不失一般性，设调度次序为：J2、J1、J3。则三个作业的总周转时间为：
$$T2 = b+(b+a)+(b+a+c) = 3b+2a+c \quad ②$$
令②－①式得到：
$$T2-T1 = b-a > 0$$
可见，采用短作业优先调度算法才能获得最小平均作业周转时间。

8. 答案如表 2-18 所示。

表 2-18　作业分析

作　业	FCFS(1、2、3、4)			SJF(1、3、4、2)			HRRF(1、3、2、4)		
	开始时间	完成时间	周转时间	开始时间	完成时间	周转时间	开始时间	完成时间	周转时间
1	8:00	10:00	120	8:00	10:00	120	8:00	10:00	120
2	10:00	10:50	120	10:30	11:20	150	10:10	11:00	130
3	10:50	11:00	120	10:00	10:10	70	10:00	10:10	70
4	11:00	11:20	90	10:10	10:30	40	11:00	11:20	90
平均周转时间	$T=112.5$			$T=95$			$T=102.5$		
平均带权周转时间	$W=4.975$			$W=3.25$			$W=3.775$		

第 3 章　进程并发控制

3.1　例题解析

例题 1　进程间的互斥与同步表示了各进程间的_____。

A. 竞争与协作　　　　　　　　　B. 相互独立与相互制约

C. 临界区调度原则　　　　　　　D. 动态性与并发性

分析：答案 A。当多个进程都去访问非共享资源时就会产生竞争，需要互斥执行，通过临界区加以控制，当多个进程相互协作共同完成一个任务时，需要同步相关的信息以达到合作的目的。

例题 2　若执行信号量 S 操作的进程数为 3，信号量 S 初值为 2，当前值为 −1，表示有_____个等待相关临界资源的进程。

A. 0　　　　　B. 1　　　　　C. 2　　　　　D. 3

分析：答案 B。每当一个进程申请 S 信号量时，S 的值就减 1，当 S 的值为 0 时再申请的进程就需等待，负值的绝对值就表示在临界区等待的进程数。

例题 3　由于并发进程执行的随机性，一个进程对另一个进程的影响是不可预测的，甚至造成结果的不正确，_____。

A. 造成不正确的因素与时间有关

B. 造成不正确的因素只与进程占用的处理机有关

C. 造成不正确的因素与执行速度无关

D. 造成不正确的因素只与外界的影响有关

分析：答案 A。由于各进程的异步推进，进程之间的制约关系与时间有关，也即与进程的执行速度有关。

例题 4　下列机构中不能用于进程间数据通信的是_____。

A. 消息　　　　B. 共享存储区　　　　C. 信号量　　　　D. 管道

分析：答案 C。能传送大量数据的高级通信机制可归结为三大类：共享存储器系统、消息传递系统以及管道通信系统。信号量主要用于进程的同步与互斥控制，不是为了数据通信。

例题 5 下面有关管程的说法,不正确的是_____。

A. 管程是一种进程同步机制

B. 管程是一种编程语言成分

C. 管程是一种系统调用

D. 管程比信号量更容易保证并行编程的正确性

分析:答案 C。使用信号量和 PV 操作实现进程同步时,对共享资源的管理分散于各个进程中,这样不利于系统对临界资源的管理,难以防止进程有意或无意地违反同步操作,且容易造成程序设计错误。因此提出管程的概念以解决上述问题,管程实质上是把临界区集中到抽象数据类型模板中,可作为程序设计语言的一种结构成分。

例题 6 什么是临界资源和临界区?一个进程进入临界区的调度原则是什么?

答:不允许两个或两个以上进程同时访问的资源称为临界资源。进程执行访问临界资源的程序段称为临界区、临界段或互斥段。

能支持各进程互斥地执行临界区的调度机制必须满足下列要求。

(1)在临界区中,每次只能允许一个进程进入。

(2)一个进程在非临界区中的暂停运行不能影响其他进程。

(3)一个进程如需要进入临界区,不能发生无限延迟的情况,既不会死锁,也不会饥饿。

(4)当无进程在临界区时,必须让任何希望进入该程序段的进程无延迟地进入。

(5)一个进程只能在临界区内停留有限的时间。

(6)对于相关进程的运行速度和处理机的数量不做假设。

例题 7 进程之间存在哪几种制约关系?各是什么原因引起的?下列活动分别属于哪种制约关系?

(1)图书馆借书。

(2)两队举行篮球赛。

(3)流水生产线。

(4)乐队演奏。

(5)购买火车票。

答:有直接制约关系(即同步问题)和间接制约关系(即互斥问题);同步问题是存在关系的进程之间的相互等待所产生的制约关系,互斥问题是进程间竞争使用资源所发生的制约关系。

(1)属于互斥关系,因为书的个数是有限的,一本书只能借给一个同学。

(2)既存在互斥关系,也存在同步关系。篮球只有一个,两队都要竞争;但对于同一个队的队员之间需要相互协作才有可能取得比赛的胜利。

(3)属于同步关系,生产线上各道工序的开始都依赖前道工序的完成。

(4) 属于同步关系,乐队中的每个成员需要相互协作共同完成乐曲演奏任务。

(5) 属于互斥关系,一张火车票只能卖给一个人。

例题 8 在生产者-消费者问题中,如果将两个 P 操作即生产者程序流程中的 P(buffers)和 P(mutex)互换位置,结果会如何?

答:P(buffers)和 P(mutex)互换位置后,因为 mutex 是生产者和消费者公用的信号量变量,生产者在执行完 P(mutex)后,则 mutex 赋值为 0,倘若当前无空闲缓冲区,buffers 也为 0,在执行了 P(buffers)后,buffers 为 −1,该生产者进程就会进入阻塞状态,这样不仅其他的生产者进程会因 mutex 不能继续存放产品,并且消费者也因 mutex 不能取产品,从而无法释放缓冲区,使缓冲区始终为 0,这样就形成了死锁。

例题 9 试用 P、V 操作描述下列理发师和顾客之间的同步问题。

某个理发师当没有顾客时,去睡觉;当有顾客来理发,若理发师正在睡觉时,这个顾客会叫醒他,理发师给该顾客理发,理发期间若还有顾客到达则等待理发师依次理发,直到没有顾客到来,理发师又去睡觉。

分析:将此题看作是 N 个生产者和一个消费者问题。顾客作为生产者,每到来一位,就应将计数器 rc 计数一次,以便让理发师理发至最后一位顾客,因此,顾客进程执行的第一个语句便是 rc=rc+1。而第一个到来的顾客应负责唤醒理发师,理发师此时正在信号量 wakeup 上等待(P(wakeup));该信号量初值为 0,由第一个顾客执行 V(wakeup)。若该顾客不是第一个到达者,则在信号量 wait 上等待(P(wait));该信号量初值为 0,等到理发师给前一位顾客理完发后执行 V(wait),便给该顾客理发。以上过程循环往复,理发师每处理完一个顾客,就令计数器 rc 值减 1,当 rc=0 时,便知此时无顾客,理发师可继续睡觉,等待下一个顾客的到达。为了保证对计数器 rc 互斥使用,还需要设置信号量 mutex(初值为 1)。

答:用 P、V 操作描述理发师和顾客之间的同步问题:

```
wakeup, wait, mutex :Semaphore;
wakeup : = 0;wait : = 0;mutex : = 1;
cobegin
```

顾客进程:

```
{
    P(mutex);
    rc = rc + 1;
    if  (rc == 1)
        V(wakeup);
    else
        P(wait);
    V(mutex);
    理发;
}
```

理发师进程：

```
{
    P(wakeup);
    while (rc!= 0)
    {
        理发;
        P(mutex);
        rc = rc – 1;
        if (rc!= 0)
            V(wait);
        V(mutex);
    }
}
coend
```

3.2 课后自测题

一、选择题

1. 并发性是指若干事件在_____发生。
   A. 同一时刻 B. 同一时间间隔内
   C. 不同时刻 D. 不同时间间隔内
2. 进程间的基本关系为_____。
   A. 相互独立 B. 同步与互斥
   C. 信息传递与信息缓冲 D. 并行执行与资源共享
3. 操作系统中 P、V 操作是一种_____。
   A. 系统调用 B. 进程通信原语 C. 控制命令 D. 软件模块
4. 两个进程合作完成一个任务，在并发执行中，一个进程要等待其合作伙伴发来信息或者建立某个条件后再向前执行，这种关系是进程间的_____关系。
   A. 同步 B. 互斥 C. 竞争 D. 合作
5. 一段不能由多处进程同时执行的代码称为_____。
   A. 临界区 B. 临界资源 C. 锁操作 D. 信号量操作
6. 临界区是指并发进程中_____。
   A. 用于实现进程互斥的程序段 B. 用于实现进程同步的程序段
   C. 用于实现进程通信的程序段 D. 与互斥的共享资源有关的程序段
7. 不能利用_____实现父子进程间的互斥。
   A. 文件 B. 外部变量 C. 信号量 D. 锁

8. 解决进程间同步与互斥问题常用的方法是使用_____。
   A. 锁操作　　　　B. 存储管理　　　　C. 信号机构　　　　D. 信号量

9. 读者、写者是一个_____问题。
   A. 互斥　　　　　B. 半同步　　　　　C. 全同步　　　　　D. 共享

10. 如果系统只有一个临界资源,同时有很多进程要竞争该资源,那么系统_____发生死锁。
    A. 一定会　　　　　　　　　　　　　B. 一定不会
    C. 不一定会　　　　　　　　　　　　D. 由进程数量决定

11. 在操作系统中,对信号量的 s 的 P 操作定义中,使进程进入相应等待队列的条件是_____。
    A. $s>0$　　　　B. $s=0$　　　　C. $s<0$　　　　D. $s\leq 0$

12. N 个进程访问一个临界资源,则设置的互斥信号量 s 的取值范围是_____。
    A. $0\sim N-1$　　B. $1\sim -(N-1)$　　C. $1\sim N-1$　　D. $0\sim -1$

13. 临界区就是指_____。
    A. 一段程序　　　B. 一段数据区　　　C. 一个缓冲区　　　D. 一个共享资源

14. M 个生产者,N 个消费者共享长度为 L 的有界缓冲区,则对缓冲区互斥操作而设置的信号量的初值应设为_____。
    A. L　　　　　B. M　　　　　　C. N　　　　　　D. 1

15. 对于使用一个临界资源的两个并发进程,若互斥信号量等于1,则表示_____。
    A. 没有进程进入临界区
    B. 有一个进程进入了临界区
    C. 有一个进程进入了临界区,另一个进程等待进入
    D. 这两个进程都在等待进入临界区

16. 若信号量 S 的初值为2,当前值为 -1,则表示有_____个等待进程。
    A. 0　　　　　　B. 1　　　　　　　C. 2　　　　　　　D. 3

17. 类似于电子邮件系统的进程间的通信方法是_____通信。
    A. 管道　　　　　B. 共享存储区　　　C. 信号量　　　　　D. 消息

18. 在进程之间要传递大量的数据,效率高而且互斥与同步控制方便的方法是采用_____。
    A. 管道　　　　　B. 共享存储区　　　C. 全局变量　　　　D. 信号量

19. 信箱通信是一种_____通信方式。
    A. 低级　　　　　B. 直接　　　　　　C. 间接　　　　　　D. 中级

20. 下列_____不属于管程的组成部分。
    A. 对管程内数据结构进行操作的一组过程

B. 管程外过程调用管程内数据结构的说明

C. 管程内共享变量的说明

D. 共享变量初始化语句序列

21. 测试并设置指令 test-and-set 是一种_____。

    A. 锁操作指令　　　B. 互斥指令　　　C. 判断指令　　　D. 信号量指令

22. 关于管程与进程比较的论述中,正确的是_____。

    A. 管程内定义的是公用数据结构,进程内定义的是私有数据结构

    B. 管程作为操作系统或编程语言成分,与进程一样也具有生命周期,由创建而产生,由撤销而消亡

    C. 管程能被系统中所有的进程调用

    D. 管程和调用它的进程能够并行工作

23. 任何进程使用管程所管理的临界资源时,需要调用特定的_____才能互斥地进入管程,使用资源。

    A. 系统调用　　　　　　　　　　　　B. 访管指令

    C. 管程中的有关入口过程　　　　　　D. 同步操作原语

二、填空题

1. 并发的实质是一个处理机在多个程序之间的_____。

2. 通常将并发进程之间的制约关系分为两类:_____和_____。

3. P、V 操作原语是对_____执行的操作,其值只能由 P、V 操作改变。

4. 若一个进程已经进入临界区,其他欲进入同一临界区的进程必须_____。

5. 一次仅允许一个进程访问的资源称为_____。

6. 进程访问临界资源的那段代码称为_____。

7. 在进程的同步和互斥问题中,可以用布尔变量实现_____。

8. 在操作系统中,使用信号量可以解决进程间的_____与_____问题。

9. 每执行一次 Wait() 操作,信号量的数值 S 减 1。若_____,则该进程继续执行,否则进入_____状态。

10. 每执行一次 Signal() 操作,信号量的数值 S 加 1。若_____,则该进程继续执行;否则,从对应的_____队列中移出一个进程,该进程的状态将为_____。

11. 有 m 个进程共享一个同类临界资源,如使用信号量解决进程间的互斥问题,那么信号量的取值范围为_____。

12. 有 m 个进程共享 n 个同类临界资源,如使用信号量解决进程间的互斥问题,那么信号量的取值范围为_____。

13. 互斥信号量 S 的当前值为 -2 表示_____。

14. 某一时刻系统中共有 6 个进程,每个进程要使用一个相关临界资源。互斥信号量

S 的初值为 3,当前值为 -2,则表示有_____个进程正在访问相关临界资源,有_____个访问相关临界资源的进程进入了阻塞状态,有_____个进程还没有申请访问相关临界资源。

15. 信号量当前值大于零时其数值表示_____。

16. 有 m 个进程共享一个临界资源,若使用信号量机制实现对临界资源的访问,则信号量的初值应设为_____,其取值范围为_____。

17. 利用信号量实现进程的_____,应为临界区设置一个信号量 mutex,其初值为 1,表示该资源尚未使用,临界区应置于_____和_____原语之间。

18. 操作系统中信号量的值与_____的使用情况有关,它的值仅能由_____来改变。

19. 操作系统中的一种同步与互斥机制,由共享资源的数据及其在该数据上的一组操作组成,该机制称为_____。

20. 一个进程要向另一个进程传送大量数据,如不考虑进程间的同步,效率最高的进程通信机制为_____。

21. 与 E-mail 类似的进程间数据通信机制是_____。

22. 在默认的情况下,大多数信号会导致接收进程_____。

23. 实现一个管程时,必须考虑的三个主要问题是互斥、_____和_____。

24. 信箱通信机制通常采用_____原语和_____原语。

三、问答题

1. 使用开关中断方法实施临界区互斥的缺点是什么?克服该缺点的改进方法是什么?
2. 说明互斥和同步对信号量操作方法的差异。
3. 在两个进程间的同步,如计算进程和打印进程的经典例子中,为什么对一个缓冲区要设置两个变量,是否能只设置一个变量,例如,当为 0(缓冲区没数据)时 P1 执行,为 1(缓冲区有数据)时 P2 执行,可以这样实现吗?
4. 为什么要在生产者和消费者的同步问题中加入互斥信号量 mutex,而在计算进程和打印进程的两个进程之间的同步问题中不要加入互斥信号量 mutex?
5. 假如一个阅览室最多可容纳 n 个人,读者进入和离开阅览室时,都必须在每次只允许一个人写的登记表上做进入登记和离开登记,系统对读者进入和离开两个过程各建立一个控制进程,试用 P、V 操作实现读者进入与读者离开间的协调关系。
6. 有一座只能容下单列汽车通过的长窄桥,桥两边的汽车在对面没有汽车在桥上的情况下可以上桥并通过桥,且同一方向可以允许任意多的汽车通过。请用信号量操作实现桥两边汽车的安全通过,两边的汽车各作为一组进程,并说明各个信号量的意义和初值。
7. 编三个伪程序,用 P、V 操作,以实现公共汽车上司机、售票员和乘客之间的同步。只有车停下后,售票员才能开门,只有售票员开了门后,乘客才能上、下车;只有乘客上好车后,售票员才能关门;只有售票员关好门后,司机才能开车。说明各个信号量的初值及意义。假设初态时车已停稳,售票员没开门。

8. 有两个生产者 a、b 不断向仓库存放产品,由销售者 c 取走仓库中产品(仓库初态产品数为 0,仓库容量为无限大)。请写出通过 P、V 操作实现三个进程间的同步和互斥的框图或伪程序,并写出信号量的初值和意义。

9. 以下两个优先级相同的进程 PA 和 PB 在并发执行结束后,x、y 和 z 的值分别为多少(信号量 S1 和 S2 的初值均为 0)?

PA:
(1) x=1;
(2) x=x+1;
(3) p(S1);
(4) z=x+1;
(5) V(S2);
(6) x=x+z

PB:
(1) y=1;
(2) y=y+3;
(3) V(S1);
(4) z=y+1;
(5) P(S2);
(6) y=y+z

10. 有三个进程 PA、PB 和 PC 协作文件打印问题:PA 将文件记录从磁盘读入主存的缓冲区 1,每执行一次读一个记录;PB 将缓冲区 1 的内容复制到缓冲区 2,每执行一次复制一个记录;PC 将缓冲区 2 的内容打印出来,每执行一次打印一个记录。缓冲区的大小和一个记录大小一样。请用 P、V 操作来保证文件的正确打印。

11. 图书阅览室共有座位 200 个,并提供一个登记表,表中每一行内容为读者姓名、座位号、进入时间和离开时间。读者进入并找到座位后必须在登记表上登记姓名、座位号、进入时间。读者离开阅览室时也必须在登记表中记录离开时间。试用 P、V 操作描述读者进程的并发过程。

12. 管程是什么?管程与进程的区别是什么?

3.3 自测题答案及分析

一、选择题

1. B 2. B 3. B 4. A 5. A 6. D 7. B 8. D 9. A 10. B 11. C
12. B 13. A 14. D 15. A 16. B 17. D 18. A 19. C 20. B

21. A 分析:实现临界区互斥访问的机制包括:禁止中断、比较和交换指令、exchange 指令、test-and-set 指令,test-and-set 指令与 exchange 指令的功能基本相同,都属于锁操作指令。

22. A 分析：管程是由一个或多个过程、一个初始化序列和局部数据组成的软件模块，把相关的共享变量及其操作集中在一起统一控制和管理，避免将 PV 操作分布在各个进程之中造成程序设计错误。管程被请求和释放资源的进程所调用，管程实质上是把临界区集中到抽象数据类型模板中，统一管理和控制。

23. C 分析：为了使进程互斥地使用临界资源，可以把管程想象成具有一个入口点，并保证一次只有一个进程可以进入。其他试图进入管程的进程被阻塞并加入等待管程可用的进程队列中。

二、填空题

1. 多路复用　2. 直接制约、间接制约　3. 信号量　4. 等待　5. 临界资源

6. 临界区(互斥段)　7. 锁操作　8. 同步、互斥　9. S 的值 $\geqslant 0$、阻塞

10. $S \leqslant 0$、等待、就绪　11. $1 \sim -(m-1)$　12. $n \sim -(m-n)$

13. 有两个要访问相关临界资源的进程进入了阻塞状态，或有两个等待进入临界区的进程。

14. 3、2、1。互斥信号量 S 初值为 3 表示有三个同类资源可以被三个进程同时访问，当前值为 -2 表示有两个要访问相关临界资源的进程进入了阻塞状态，另外有三个进程正在访问相临界资源，剩下的 $(6-5)$ 个进程还没有申请访问相关临界资源。

15. 可用相关资源的数目　16. $1,1 \sim -(m-1)$　17. 互斥、P(mutex)、V(mutex)

18. 相应资源，P、V 操作　19. 管程　20. 共享内存　21. 消息通信　22. 终止

23. 同步、条件变量　24. 发送、接收

三、问答题

1. 用硬件锁，即用开、关中断的方法可实现锁操作。但这种方法有以下几个不足之处。

(1) 这种方法只能用于单 CPU 系统。在多处理机系统中，禁止中断只影响执行关中断指令的 CPU，在其他 CPU 上并行执行的相关进程仍能不受阻碍地进入临界段。

(2) 如果临界段操作比较复杂，执行时间较长，那么长时间地关闭中断会降低系统对外部中断响应的速度，影响系统处理紧迫事件的能力。

(3) 一个运行系统可以有很多的临界段，应当允许多个进程进入不同的临界段并发地运行。采用开、关中断的硬件锁方法禁止了其他无关的进程进入不同的临界段，这种做法显然伤害了很多的"无辜者"。

克服该缺点的改进方法是用硬件锁锁软件锁，用软件锁锁临界段。由于软件锁的 LOCK 操作包含测试和关闭两个操作步骤，它本身也是一种临界段，故可以用硬件锁——开、关中断保证软件锁操作的完整性。由于软件锁是一种程序长度最短的临界段，故用开、关中断的方法保证锁操作的完整性几乎不会影响到系统响应其他的中断请求。用软件锁保证临界段执行的独占性，也不会影响到其他无关进程进入不同的临界段。

2. 互斥和同步都是通过对信号量的 P、V 操作来实现的,但这两种控制机制对信号量的操作策略是不同的。互斥的实现是不同的进程对同一信号量进行 P、V 操作,一个进程在成功地对信号量执行了 P 操作后进入临界段,并在退出临界段后,由该进程本身对这个信号量执行 V 操作,表示没有进程处于临界段,可让其他进程进入。同步的实现由一个进程 PA 对一个信号量进行 P 操作后,只能由另一个进程 PB 对同一个信号量进行 V 操作,使 PA 能继续前进,在这种情况下,进程 PA 要同步等待 PB。如果进程 PB 也要同步等待 PA,则要设置另一个信号量。

3. 要采用这个方法,该变量一定要是共享变量,如通过共享内存机制分配,对该变量要互斥访问,如果用纯软件实现将比较复杂。另外还要专门设计分别针对这两个用户进程的阻塞和唤醒操作,这要求这两个独立进程要是互相可见的(要有权限,至少要知道对方的标识数),而不能采用轮询的耗费处理机时间的方法,这样做还不如使用两个信号量实现两个进程间的同步。

4. 由于在生产者和消费者问题中的两个信号量 buffers 和 products 的值都可以大于 1,因此就可能发生有多个生产者进程和消费者进程同时通过 P(buffers)和 V(products)操作,进入缓冲区存或取产品的情况。由于存放产品的缓冲区是一种数据结构,本身也是临界资源,故对该部分的操作是一个临界段,各个进程也要互斥地执行。

在计算进程和打印进程的两个进程之间的同步问题中,由于受对方的制约,两个进程不可能同时访问缓冲区,故这种同步中就隐含了互斥。如果像生产者和消费者问题一样,也加入互斥信号量 mutex,尽管没有问题,但是这是没有必要的。

5. 信号量含义的初值如下。

chair:阅览室椅子数,即最多可容纳人数,初值为 N。

register:进入登记和离开登记的互斥信号量,初值为 1。

读者进入	读者离开
P(chair);	p(register);
P(register);	离开登记
进入登记;	V(register);
V(register);	V(chair);
阅读;	离开阅览室

6. 这个问题类似于读者写者问题中的读者,区别是桥两边各是一组独立的读者,这两者之间需要互斥。

int count1,count2:桥两边汽车上桥的计数器变量,初值为 0。

mutex1,mutex2:计数器变量加减的互斥信号量,初值为 1。

first:两边允许第一辆汽车上桥的互斥信号量,初值为 1。

一边的汽车:	另一边的汽车:
while(1) {	while(1) {

```
P(mutex1);                    P(mutex2);
if ( ++ count1 == 1 )         if ( ++ count2 == 1 )
    P(first);                     P(first);
V(mutex1);                    V(mutex2);
上桥,通过;                    上桥,通过;
P(mutex1);                    P(mutex2);
if ( -- count1 == 0 )         if ( -- count2 == 0 )
    V(first);                     V(first);
V(mutex1);                    V(mutex2);
}                             }
```

7. 信号量的意义及初值如下。

close：售票员是否关好门,初值为1,已关好门。

stop：司机是否已停好车,初值为0,没停好车。

open：售票员是否打开门,初值为0,没开门。

go-up：乘客是否已上、下好车,初值为0,没上、下好车。

```
司机              售票员              乘客
while (1) {       while (1) {         while (1) {
  P(close)          P(stop)             P(open)
  开车              开车门              上、下车
  停车              V(open)             V(go - up)
  V(stop)           P(go - up)        }
}                   关车门
                    V(close)
                  }
```

在本程序中,售票员既与司机之间通过信号量 close 和 stop 进行同步,也与乘客之间通过信号量 open 和 go-up 进行同步。

8. 信号量初值和意义如下。

product：初值为0,仓库中已存放的产品个数,同步信号量。

mutex：初值为1,向仓库存放产品和从仓库取走产品的互斥信号量。

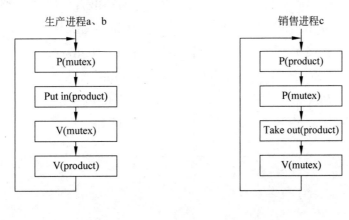

9. 答：将 PA 和 PB 进程分解为以下 6 个程序段。

SA1：x：= 1;
　　 x：= x+ 1;
SA2：z：= x + 1;
SA3：x：= x + z;
SB1：y：= 1;
　　 y：= y + 3;
SB2：z：= y + 1;
SB3：y：= y + z;

根据 Bernstein 条件,SA1 与 SB1 可以并发执行,SA3 与 SB3 可以并发执行。SA2 与 SB2 因变量交集不为空,而不能并发执行。因此 SA2 与 SB2 的执行顺序不同,可能会有不同的结果。

如果先执行 SA2,则 x=7,y=9,z=5；如果先执行 SB2,则 x=5,y=7,z=3。

10. 答：mutex1 和 mutex2 是两个公用信号量,用于控制进程对缓冲区 1 和缓冲区 2 这两个临界资源访问的互斥。avail1、full1、avail2、full2 分别对应两个缓冲区,其中,avail 的初始值为 1,表示可以利用的缓冲区的数目为 1；full 的初值为 0,表示存在于缓冲区内的数据的个数为 0。对这两组私用信号量的 P、V 操作,就实现了进程间的同步。

三个进程之间的同步描述如下。

```
semaphore  mutex1=1;
semaphore  mutex2=1;
semaphore  avail1=1;
semaphore  avail2=1;
semaphore  full1=0;
semaphore  full2=0;
main( )
{
  cobegin
    PA( )
    PB( )
    PC( )
  coend
}
```

```
PB( )
{
  L2:P(full1);
  P(mutex1);
  get from buffer1;
  V(avail1);
  V(mutex1);
  P(avail2);
  P(mutex2);
  put to buffer2;
  V(full2);
  V(mutex2);
  goto L2;
}
```

```
PA( )
{
  L1:read from disk;
  P(avail1);
  P(mutex1);
  put to buffer1;
  V(full1);
  V(mutex1);
  go to L1;
}
```

```
PC( )
{
  L3:P(full2);
  P(mutex2);
  get from buffer2;
  V(avail2);
  V(mutex2);
  print record;
  goto L3;
}
```

11. 答：这是一个多进程互斥问题。图书阅览室有 200 个座位，需要设置互斥信号量 S1,控制读者进程对座位的竞争；另外，读者进入还是离开都必须在登记表中登记，而登记表只有一个，需要互斥访问，因此需要设置互斥信号量 S2,控制读者进程对登记表的使用。设置两个互斥信号量的初值为 S1=200,S2=1。

读者进程的并发过程描述如下。

```
semaphore S1, S2;
S1 = 200;
S2 = 1;
cobegin
process reader_i( )   // i = 1,2, …,200
{
  P(S1);
  P(S2);
  在表中登记读者姓名、座位号、进入时间;
  V(S2);
  …
  阅览图书;
  …
  P(S2);
  在表中登记离开时间;
  V(S2);
  V(S1);
}
coend
```

12. 管程(Monitor)就是为了解决信号量机制而提出的一种新的进程间同步互斥机制。管程引入了面向对象的思想。管程是把共享资源的数据结构及一组对该资源的操作和其他相关操作封装在一起所构成的软件模块。进程只能用管程定义的接口进入管程,访问共享资源。在管程的实现中,为了保护管程共享数据结构的数据完整性,需要保证进程互斥地进入,故在管程中定义了阻塞及唤醒操作,设置了进程等待队列。

管程与进程的区别是:进程是活动主体,是动态的,进程能创建和撤销。在操作系统中设置进程的目的是记录和管理程序的动态执行过程。

管程与操作系统中的共享资源相关,是被动的、静态的,没有创建和撤销。设置管程是为了协调进程的同步与互斥和对共享资源的访问,管程可被进程调用。

第 4 章 内存管理

4.1 例题解析

例题 1 根据作业在本次分配到的内存起始地址将目标代码装到指定内存地址中,并修改所有有关地址部分的值的方法称为_____方式。

  A. 固定定位   B. 静态重定位

  C. 动态重定位   D. 单一连续重定位

分析:答案 B。在可重定位装入方式中,如果逻辑地址转换成物理地址的过程发生在程序装入到内存时进行,在程序装入时一次完成地址转换称为静态重定位,如果地址转换过程是在指令运行过程中进行的称为动态重定位。单一连续分配是内存分配的一种管理方式,跟程序重定位无关。

例题 2 在下列存储管理算法中,内存的分配和释放平均时间之和为最大的是_____。

  A. 首次适应法   B. 循环首次适应法

  C. 最佳适应法   D. 最差适应法

分析:答案 C。最佳适应算法要找到一块既满足程序需要又是空闲区域中最小的空闲块,因此最佳适应算法的分配算法的速度比首次适应法、循环首次适应法和最差适应法差得多,如用链表实现,释放算法要在链表中找上、下邻空闲区,修改过或新加入的空闲区还要有序地插入到链表中。

例题 3 以下分配方案中,_____不适于多道系统。

  A. 单一连续区管理   B. 固定分区管理

  C. 可变分区管理   D. 页式存储管理

分析:答案 A。采用单一连续分配管理方式时,内存的用户区一次只能分配给一个用户程序使用,因此无法满足多道程序同时运行。

例题 4 可变式分区又称为动态分区,它是在系统运行过程中_____时动态建立的。

  A. 在作业未装入   B. 在作业装入

C. 在作业创建　　　　　　　　　D. 在作业完成

分析：答案 B。在存储器管理技术中引入多道程序系统后，多个作业可以同时放在内存中，这就需要把存储器分成若干区域，每个区域分配给一道程序，这就是分区或分配，分区管理分为固定式分区和可变式分区两种。在可变式分区管理中，当装入作业时从空闲区中划出一个与作业需求量相适应的分区分配给该作业，在作业运行完毕后，收回释放的分区。

例题 5　采用可重入程序是通过使用_____的方法来改善响应时间的。

　　A. 减少用户数目　　　　　　　　B. 减少对换信息量
　　C. 改变时间片长短　　　　　　　D. 加快对换速度

分析：答案 B。所谓可重入程序，是指当多个用户共享程序时，在内存中仅保存一份副本。而在没有采用可重入代码的系统中，每个用户都必须各备一套程序。由于可重入代码的采用减少了内外存的对换信息量，这也就为采用更短的时间片来缩短响应时间创造了条件。

例题 6　什么是动态重定位？它有什么特点？

答：动态重定位是指在程序执行期间，由系统硬件完成从逻辑地址到物理地址的转换。

动态重定位的特点：具有给用户程序任意分配内存区的能力；可以将程序分配到不连续的存储区中；在程序运行之前可以只装入它的部分代码即可投入运行，不执行的代码就不做地址映射的工作，这样节省了 CPU 的时间；可实现虚拟存储，向用户提供一个比主存的存储空间大得多的地址空间；重定位寄存器的内容由操作系统用特权指令来设置，比较灵活；实现动态重定位必须有硬件支持，并有一定的执行时间延迟，且实现存储管理的软件算法比较复杂。现代计算机系统中都采用动态地址映射技术。

例题 7　某操作系统采用分区存储管理技术。操作系统在低地址占用了 100KB 的空间，用户区主存从 100KB 处开始占用 512KB。开始时，用户区全部空闲，分配时截取空闲分区的低地址部分作为已分配区。在执行申请、释放操作序列后，请求 300KB、请求 100KB、释放 300KB、请求 150KB、请求 50KB、请求 90KB，请回答以下问题。

(1) 若采用首次适应分配算法，此时主存中有哪些空闲分区？

(2) 若采用最佳适应分配算法，此时主存中有哪些空闲分区？

(3) 若随后又要请求 80KB，采用以上两种方法分别会产生什么情况？

答：(1) 采用首次适应分配算法。

请求 300KB；地址块 100~399 被占用；地址块 400~612 空闲。

请求 100KB；地址块 100~399、400~499 被占用；地址块 500~612 空闲。

释放 300KB；地址块 400~499 被占用；地址块 100~399、500~612 空闲。

请求 150KB；地址块 100~249、400~499 被占用；地址块 250~399、500~612 空闲。

请求 50KB；地址块 100~249、250~299、400~499 被占用；地址块 300~399、500~

612空闲。

请求90KB；地址块100～249、250～300、300～389、400～499被占用；地址块390～399、500～612空闲。

产生空闲块两个，块1，首地址390，块大小为10KB；块2，首地址500，块大小为112KB。

（2）采用最佳适应分配算法。

请求300KB；地址100～399被占用；地址400～612空闲。

请求100KB；地址100～399、400～499被占用；地址500～612空闲。

释放300KB；地址400～499被占用；地址100～399、500～612空闲。

请求150KB；地址100～249、400～499；地址250～399、500～612空闲。

请求50KB；地址100～249、400～499、500～549被占用；地址250～399、550～612空闲。

请求90KB；地址100～249、250～339、400～499、500～549被占用；地址340～399、550～612空闲。

产生空闲块两个，块1，首地址340，块大小为60KB；块2，首地址550，块大小为62KB。

（3）若随后又要请求80KB，则采用首次适应分配算法可以分配，因为块2空闲空间为112KB>80KB；采用最佳适应分配算法不可分配，因为块1和块2空闲空间均小于80KB。

例题8 比较分别采用数组和链表两种数据结构实现最佳适应算法和最差适应算法的优缺点(要考虑分配和释放两个过程)。

答：实现最佳适应算法时，空闲存储区管理表的组织方法可以采用顺序结构，也可采用链接结构。如采用顺序结构，空闲分区按地址由小到大的顺序登记在表中，分配时需要搜索所有的空闲分区，在其中挑出一个满足分配大小的最小的分区，其算法的时间复杂度为$O(N)$。此种管理结构的释放算法可用顺序结构的首次适应法，不需要插入或删除一个空闲分区表项时，其时间复杂度为$O(1)$，否则其算法的时间复杂度为$O(N)$。

当采用链接结构时，空闲区也可按由小到大的非递减次序排列。分配时总是从最小的第一项开始，这样第一次找到的满足条件的空闲区必定是最合适的。平均而言，只要搜索一半数目的空闲区表项就能找到最佳配合的空闲区，但寻找较大空闲区比较费时，其算法的时间复杂度为$O(N)$。采用按存储区大小排序的链接表会降低释放算法的效率。由于空闲区是按大小而不是按地址序号排序的，因此释放回收空闲区时要在整个链表上寻找地址相邻的前、后空闲区，合并后又要插入合适的位置，因此释放算法比首次适应法和循环首次适应法耗时得多，尽管其算法的时间复杂度也为$O(N)$，但其常数C要大得多。

实现最差适应算法时的空闲存储区表的组织方法一般都是采用按空闲块由大到小排序的链接表，因为如果采用按地址大小的顺序结构，那么该算法与首次适应法和最佳适应法比较起来就没有什么优点可言了。采用按存储区大小顺序排列的链表的形式，虽然释放一个空闲块时速度较慢,算法的时间复杂度也为 $O(N)$,但分配时一次查找就行,成功不成功在此一举,算法的时间复杂度为 $O(1)$,其效率是一切算法中最高的一种,很适合实时系统。

4.2 课后自测题

一、选择题

1. 对内存的访问是以_____为单位。
   A. 字节或字　　　B. 页　　　　　C. 段　　　　　D. 内存块
2. 将逻辑地址转变为内存的物理地址的过程称为_____。
   A. 编译　　　　　B. 连接　　　　C. 运行　　　　D. 重定位
3. 如果一个程序为多个进程所共享,那么该程序的代码在执行过程中不能被修改,即程序应该是_____。
   A. 可执行码　　　B. 可重入码　　C. 可改变码　　D. 可再现码
4. 源程序经过编译或者汇编生成的机器指令集合,称为_____。
   A. 源程序　　　　B. 目标程序　　C. 可执行程序　D. 非执行程序
5. 装入到地址寄存器的地址为_____。
   A. 符号名地址　　B. 虚拟地址　　C. 相对地址　　D. 物理地址
6. 动态重定位是在程序的_____中进行的。
   A. 编译过程　　　B. 连接过程　　C. 装入过程　　D. 执行过程
7. 静态地址重定位的结果是得到_____。
   A. 源程序　　　　B. 静态代码　　C. 目标代码　　D. 执行代码
8. 静态地址重定位的对象是_____。
   A. 源程序　　　　B. 编译程序　　C. 目标程序　　D. 执行程序
9. 下面几条中,_____是动态重定位的特点。
   A. 需要一个复杂的重定位装入程序
   B. 存储管理算法比较简单
   C. 不需地址变换硬件机构的支持
   D. 在执行时将逻辑地址变换成内存地址
10. 采用动态重定位技术优点之一是_____。
    A. 在程序执行期间可动态地变换映像在内存空间的地址
    B. 程序在执行前就可决定装入内存的地址
    C. 能用软件实施地址变换

D. 动态重定位的程序占用的内存资源较少

11. 使用_____,目标程序可以不经过任何改动而装入主存直接执行。
    A. 静态重定位　　B. 动态重定位　　C. 编译或汇编　　D. 连接程序

12. 固定分区存储管理一般采用_____进行主存空间的分配。
    A. 首次适应分配算法　　　　　　B. 循环首次适应分配算法
    C. 最优适应分配算法　　　　　　D. 顺序分配算法

13. 在可变分区存储管理中,回收一个空闲区后,空闲区管理表中不可能_____。
    A. 增加一个表项　　　　　　　　B. 减少一个表项
    C. 表项数不变　　　　　　　　　D. 表项内容不变

14. 在可变式分区存储管理中,当释放和回收一个空闲区时,造成空闲表项区数减1的情况是_____。
    A. 无上邻空闲区,也无下邻空闲区　B. 有上邻空闲区,但无下邻空闲区
    C. 无上邻空闲区,但有下邻空闲区　D. 有上邻空闲区,也有下邻空闲区

15. 在可变分区式存储管理中,倾向于优先使用低地址部分空闲区的算法是_____。
    A. 首次适应法　　　　　　　　　B. 循环首次适应法
    C. 最佳适应法　　　　　　　　　D. 最差适应法

16. 在以下存储管理方案中,不适用于多道程序设计系统的是_____。
    A. 单一连续区分配　　　　　　　B. 固定式分区分配
    C. 可变式分区分配　　　　　　　D. 页式存储管理

17. 在固定分区分配中,每个分区的大小是_____。
    A. 相同　　　　　　　　　　　　B. 随作业长度变化
    C. 可以不同但预先固定　　　　　D. 可以不同但根据作业长度固定

18. 以下分配方案中,_____不适于多道系统。
    A. 单一连续区管理　　　　　　　B. 固定分区管理
    C. 可变分区管理　　　　　　　　D. 页式存储管理

19. 最佳适应分配算法的空白区一般是_____。
    A. 按大小递减顺序连在一起　　　B. 按大小递增顺序连在一起
    C. 按地址由小到大排列　　　　　D. 按地址由大到小排列

20. 首次适应分配算法的空闲区一般是_____。
    A. 按地址递增顺序连在一起　　　B. 始端指针表指向最大空闲区
    C. 按大小递增顺序连在一起　　　D. 寻找从最大空闲区开始

21. 在可变分区管理方式下,在释放和回收空闲区,若已判定"空闲区表第j栏中的始址＝释放的分区始址＋长度",则表示_____。
    A. 归还区有上邻空闲区　　　　　B. 归还区有下邻空闲区

C. 归还区有上下邻空闲区 D. 归还区无相邻空闲区

22. _____方案要求程序在主存必须连续存放。
    A. 可变分区存储管理 B. 页式存储管理
    C. 段式存储管理 D. 段页式存储管理

23. 下面内存管理方法中有利于程序动态链接的是_____。
    A. 分段存储管理 B. 分页存储管理
    C. 可变分区分配 D. 固定分区分配

二、填空题

1. 存储管理的主要功能是：主存空间的分配与回收，_____主存空间的共享和_____，以及_____。

2. 程序员编写程序时所使用地址称为_____或称为_____。

3. 内存分配主要通过两种途径来实现，分别是_____和_____。

4. 将逻辑地址转换成物理地址的工作称为_____。

5. 源程序的名地址与目标程序的逻辑地址的转换是在_____过程中实施的。

6. 由装入程序实施的程序逻辑地址与物理地址转换的地址重定位方式称为_____。

7. 在执行时要靠硬件机构实现地址变换的方法是_____。

8. 系统初始化时就把存储空间划分成若干个分区的存储管理系统称为_____管理系统。

9. 在采用首次适用策略的可变分区存储管理中，某作业完成后要收回其主存空间并修改空闲区表。使空闲区始址不改变，空闲区数也不变的情况是_____。

10. 将内存中可分配的用户区预先划分为数量固定并且大小固定的分区，这种存储管理方案称为_____。

11. 在_____方式中，内存不预先划分，而是按照作业大小来划分分区，但分区的大小、位置和划分时间都是动态的，当作业装入时，根据作业的需求和内存空间的使用情况来决定是否分配。

12. 推迟到进程执行时才进行的地址重定位，称为_____。

13. 固定分区存储管理中的地址重定位方式主要采用_____。

14. 在可变分区存储管理中，主要采用_____重定位方式。

15. 存储保护主要包括防止_____和防止_____两方面的内容。

16. 可变分区存储管理中的地址转换需要硬件地址映射机制的支持，主要采用一对寄存器，_____和_____，其中，前者用来存放作业或进程所占分区的起始地址；后者用来存放作业或进程所占连续存储空间的长度。

17. 可变分区存储管理中的地址转换采用的机制是：用户程序运行时，每访问一次_____，该机制就将逻辑地址与_____中的值进行比较，如果越界，则终止该进程；否则,与_____中的值相加得到物理地址。

18. 常用的可变分区分配算法中,_____算法有利于大作业的装入,但会使主存低地址和高地址两端的分区利用不均衡;_____算法会使分割后的空闲区不会太小,有利于中小型作业的装入。

19. 固定分区管理中,分区中未被利用的一部分区域称为_____;可变分区管理中,因为分割太小而无法利用的空闲分区称为_____。

三、问答题

1. 什么是符号名地址、相对地址和绝对地址?什么是地址重定位?
2. 地址重定位方式分为哪几种?各具有什么特点?
3. 简述固定分区存储管理的基本思想。
4. 简述可变分区存储管理算法中的首次适应法的释放算法,其空闲存储区表是用连续线性结构实现的。
5. 简述可变分区存储管理中的最佳适应算法的分配算法和释放算法。
6. 什么是内部碎片和外部碎片?各种主要的存储管理方法可能产生何种碎片?
7. 用可变分区分配的存储管理方案中,基于链表的存储分配算法有哪几种?它们的思想是什么?
8. 用户程序的地址结构只能是一维的吗?

4.3 自测题答案及分析

一、选择题

1. A 2. D 3. B 4. B 5. D 6. D 7. D 8. C 9. D 10. A 11. B
12. C 13. D 14. D 15. A 16. A 17. C 18. A 19. B 20. A

21. B 分析:"空闲区表第 j 栏中的始址=释放的分区始址+长度",释放的分区始址作为起始地址说明释放区在前面,释放区与它后面的空闲块合并。

22. A 分析:可变分区存储管理每次按程序需要的内存大小为其分配一片连续的存储空间。

23. A 分析:引入分段存储管理方式,主要是为了满足用户和程序员的下述一系列需要:①方便编程;②信息共享;③信息保护;④动态增长;⑤动态链接。动态链接是指在作业运行之前,并不把几个目标程序段链接起来。要运行时,先将主程序所对应的目标程序装入内存并启动运行,当运行过程中又需要调用某段时,才将该段(目标程序)调入内存并进行链接。可见,以段作为管理单位有利于动态链接。

二、填空题

1. 地址重定位、保护、内存空间的扩充 2. 逻辑地址、相对地址
3. 静态分配、动态分配 4. 地址重定位(或地址转换、地址映射)
5. 编译 6. 静态重定位 7. 动态重定位 8. 固定分区
9. 释放区与前空闲区相邻 10. 固定分区存储管理 11. 可变分区存储管理
12. 动态重定位 13. 静态重定位 14. 动态
15. 地址越界、非法操作(或操作越权) 16. 基址寄存器、限长(长度)寄存器
17. 内存、限长(长度)寄存器、基址寄存器
18. 首次适应分配算法、最坏适应分配算法 19. 内碎片、外碎片

三、问答题

1. 对程序员来说,数据的存放地址是由变量符号决定的,因此称符号名地址或简称名地址,源程序的地址空间称为符号名空间或简称名空间。源程序经汇编或编译后得到的是目标代码程序,由于编译程序无法确定目标代码在执行时所驻留的实际内存地址,因此一般总是从零号单元开始为其编址,并顺序分配所有的符号名所对应的地址单元。由于目标代码中所有的地址值都相对于以"0"为起始的地址,而不是真实的内存地址,因此称这类地址为相对地址、逻辑地址或虚拟地址。

当装入程序将可执行代码装入内存时,程序的逻辑地址与程序在内存的物理地址是不相同的,必须通过地址转换将逻辑地址转换成内存地址,该地址称为绝对地址、物理地址或实地址,这个地址转换过程称为地址重定位。

2. 地址重定位有静态重定位方式和动态重定位方式。当需要执行时,由装入程序运行重定位程序模块,根据作业在本次分配到的内存起始地址,将可执行目标代码装到指定内存地址中,并修改所有有关地址值的方式称为静态地址重定位。修改的方式是对每一个逻辑地址的值加上内存区首地址(或称基地址)值。静态重定位方式的主要优点是无须硬件地址变换机构支持,因此可以在一般的计算机上实现。其主要缺点是必须给作业分配一个连续的存储区域,在作业的执行期间不能扩充存储空间,也不能在内存中移动,多个作业也难以共享内存中同一程序副本和数据。

采用动态重定位方式,将程序装入内存时,不必修改程序的逻辑地址值,程序执行期间在访问内存之前,再实时地将逻辑地址变换成物理地址。动态重定位要靠硬件地址变换机构实现:当程序开始执行时,系统将程序在内存的起始地址送入地址变换机构中的基地址寄存器(BR)中。在执行指令时,若涉及逻辑地址,则先将该地址送入虚地址寄存器(VR),再将 BR 和 VR 中的值相加后送入地址寄存器(MR),并按 MR 中的值访问内存。

动态重定位方式的优点是程序在运行期间可以换出和换进内存,以便缓和内存紧张状态;也可在内存中移动,把内存中的碎片集中起来,以充分利用内存空间,这也便于进行多道程序设计。采用动态重定位方式,系统不必给程序分配连续的内存空间,这样就可将程

序分成较小的部分,能充分利用内存中的较小片段。动态重定位方式又为信息共享和虚拟存储器的实现创造了条件。

3. 固定分区管理系统在系统初始化时就把存储空间划分成若干个分区,这些分区的大小可以不同,以支持不同的作业对内存大小需求的不同。系统要建立一个分区说明表,用以记录每个分区的大小、起始地址和状态等信息。当一个作业需要装入内存运行时,系统就从分区表中找出一个最合适的分区分配给该作业。

4. 根据释放区与原空闲区相邻情况可归纳为 4 种情况。

(1) 仅与前空闲区相连:合并前空闲区和释放区,该空闲区的 m_addr 仍为前空闲区的首地址,修改表项的长度域 m_size 为前空闲区与释放区长度之和。

(2) 与前空闲区和后空闲区都相连:将三块空闲区合并成一块空闲区。修改空闲区表中前空闲区表项,其始地址为前空闲区始址,其大小 m_size 等于三个空闲区长度之和,这块大的空闲区由前空闲区表项登记。接下来还要在空闲区表中删除后项。

(3) 仅与后空闲区相连:与后空闲区合并,使后空闲区表项的 m_addr 为释放区的始址,m_size 为释放区与后空闲区的长度之和。

(4) 与前、后空闲区皆不相连:在前、后空闲区表项中间插入一个新的表项,其 m_addr 为释放区的始址,m_size 为释放区的长度。

5. 采用最佳适应算法,空闲存储区管理表的组织方法可以采用顺序结构,也可采用链表结构。如采用顺序结构,空闲分区按地址由小到大的顺序登记在表中,分配时需要搜索所有的空闲分区,以在其中挑出一个满足分配需求的最小分区。此种管理结构的释放算法可采用顺序结构的首次适应法。

当采用链表结构时,空闲区可按由小到大的非递减次序排列。分配时总是从最小的第一项开始,这样第一次找到满足条件的空闲区必定是最合适的。采用按存储区大小排序的链表会降低释放算法的效率。由于空闲区是按空间大小而不是按地址排序的,因此释放回收空闲区时要在整个链表上寻找地址相邻的前、后空闲区,合并后又要插入到合适的位置,因此释放算法比首次适应法和循环首次适应法耗时得多。

6. 当一个程序分配到比它所要求的更大的内存块时,剩余的空间没有利用,而其他程序也不能使用该内存空间,这就是内部碎片。

另一方面,在各个被分配出去的分区之间也会存在很多小的空闲区,其他程序很难利用该小内存空间,这就是"外部碎片"。

固定分区存储管理会产生内部的剩余碎片。在可变分区管理算法中,系统按照程序的申请大小分配内存,不会产生内部碎片,但在各个已分配出去的内存分区之间会留下一些小的分区,由于作业在主存要占用一个连续的存储区,当一个作业的程序空间大于主存中这些小的空闲存储区时,就不能装入运行,会产生外部碎片。

在分页存储管理中,内存划分为与程序虚页相同大小的块,程序的虚页可以占用主存中任意的内存块,故不会产生外部碎片,但程序所要求的内存不一定是整数块,最后一块可能没有全部利用,就会产生内部碎片,但内部碎片较小,平均来说只有半块大小。在纯段式管理系统中,作业需要分配一块连续的内存,与可变分区管理算法一样,会产生外部碎片。

在段页式存储管理系统中,由于段内再分为页,故与页式存储管理系统类似,但每一个段内都会产生一个页内碎片。

7. 答:可变分区分配的存储管理方案中,基于链表的存储分配算法主要有三种:首次适应分配算法、循环首次适应分配算法和最佳适应分配算法。

1) 首次适应分配算法

在首次适应算法中,每个空白区按其位置的顺序链接在一起,即每个后继的空白区其起始地址总是比前者的大。当系统要分配一个存储块时,就按照空白块链的顺序,依次查询,直到找到第一个满足要求的空白块为止。由这种算法确定的空白块,其大小不一定刚好满足要求。如果找到的这个空白区比要求的大,则把它分成两个分区,一个为已分配分区,其大小刚好等于所要求的,另一个仍然为空白块,且留在链中原来的位置上。如果在空白链中从头到尾找了一遍,找不到满足要求的空白块,则返回"暂不能分配"。系统在回收一个分区时,首先检查该分区是否有邻接的空白块,如果有,则应将这个分区与之合并,并将该空白块保留在链中原来的位置;如果回收的分区不和空白块邻接,则应根据其起始地址大小,把它插在链中的相应位置上。

首次适应分配算法的实质是,尽可能地利用存储器低地址部分的空白块,尽量保存在高地址部分的大空白块。其优点在于:当需要一个较大的分区时,便有希望找到足够大的空白块以满足要求。其他缺点是:在回收一个分区时,需要花费较多的时间去查找链表,确定它的位置。

2) 循环首次适应分配算法

循环首次适应分配算法与首次适应分配算法类似,只是在每次分配分区时,系统不是从第一个空白块开始查找,而是从上次分配的空白块处查找。当查找至链尾时,便从链首继续查找,直到查找完整个链表。在系统回收一个分区时,为了减少在插入一个空白区时花在查寻链表的时间,如果这个分区不和空白块邻接,则把它插入到前向指针链的最后一个空白块后;如果和空白块相邻,则根据情况做相应处理。由此可见,这些空白块在链中的位置没有一定的规则。

这种循环首次适应分配算法的实质是,使得小的空白块均匀地分布在可用存储空间内。这样,当回收一个分区时,它和一个较大空白块相邻的可能性比较大,因而合并后可得到更大的空白块。与首次适应算法相比,它产生过小空白块的现象比较少。

3) 最佳适应分配算法

在最佳适应分配算法中,空白块按大小顺序链接在一起。系统在寻找空白块时,总是从最小的一个开始。这样,第一次找到的满足要求的空白块必然是最适合的,因为它最接近于要求的大小。这种算法的优点是：如果存储空间中具有正好是所要求大小的空白块，则必然被选中；如果不存在这样的空白块，也只对比要求稍大的空白块划分，而绝不会去划分一个更大的空白块。此后，遇到大的存储要求时，就比较容易满足了。最佳适应算法的缺点在于：寻找一个较大空白块时花费的时间较长；回收一个分区时，把它插入到空白块链中合适的位置上也较为费时；此外，由于每次都划分一个与要求大小最接近的空白块，使得系统中小的空白块较多。这种算法的实质是，在系统中寻找与要求的空间大小最接近的一个空白块。

8. 答：用户程序的结构可以是一维空间（一个用户程序就是一个程序，并且程序和数据是不分离的），也可以是二维空间（程序由主程序和若干个子程序或函数组成，并且程序与数据是分离的），还可以是 N 维空间（一个大型程序，由一个主模块和多个子模块组成，其中的各子模块又由主程序和子程序或函数组成）。

第 5 章　页式和段式内存管理

5.1　例题解析

例题 1　采用_____不会产生内部碎片。
　　　A. 分页式存储管理　　　　　　　　B. 分段式存储管理
　　　C. 固定分区式存储管理　　　　　　D. 段页式存储管理

分析：答案 B。C 选项会产生最大的页内碎片，A 选项较小，D 选项虽然是结合了 A、B 选项的优点但也继承了缺点，所以也有内部碎片。

例题 2　虚拟存储器的最大容量_____。
　　　A. 为内外存容量之和　　　　　　　B. 由计算机的地址结构决定
　　　C. 是任意的　　　　　　　　　　　D. 由作业的地址空间决定

分析：答案 B。虚存容量不是无限的，最大容量受内存和外存可利用的总容量限制，虚存实际容量受计算机总线地址结构限制。

例题 3　在一个分页存储管理系统中，页表内容如表 5-1 所示。若页的大小为 4K，则地址转换机构将逻辑地址 0 转换为物理地址_____。
　　　A. 8192　　　　　B. 4096　　　　　C. 2048　　　　　D. 1024

分析：答案 A。页号 $P=A/L=0/4K=0$，对应页表中的块号为 2，位移量 $W=A\%L=0\%4K=0$，物理地址 $=$ 块号 $\times L+W=2\times 4K+0=8\times 1024=8192$。

表 5-1　3 题

页　号	块　号
0	2
1	1
2	6
3	3
4	7

例题 4 某系统段表的内容如表 5-2 所示。一逻辑地址为(2,154),它对应的物理地址为_____。

      A. 120K+2　　　　B. 480K+154　　　　C. 30K+154　　　　D. 2+480K

分析:答案 B。段号 2 在段表中对应的段长度 20K>154,没有越界,所以物理地址=段首址+段内位移=480K+154。

表 5-2　4 题

段　号	段　首　址	段　长　度
0	120K	40K
1	760K	30K
2	480K	20K
3	370K	20K

例题 5 采用分段存储管理的系统中,若地址用 24 位表示,其中 8 位表示段号,则允许每段的最大长度是_____。

      A. 2^{24}　　　　B. 2^{16}　　　　C. 2^{8}　　　　D. 2^{32}

分析:答案 B。2 的 16 次方,地址用 24 位表示,其中 8 位是段号,那么真正表示段内地址的只有 16 位,那么每段最大的段长是 2 的 16 次方,也就是 64KB。

例题 6 在请求分页存储管理中,若采用 FIFO 页面淘汰算法,则当分配的页面数增加时,缺页中断的次数_____。

      A. 减少　　　　　　　　　　　　B. 增加

      C. 无影响　　　　　　　　　　　D. 可能增加也可能减少

分析:答案 D。因为 FIFO 算法存在 Belady 现象,所以可能增加也可能减少。

例题 7 某虚拟存储器系统采用页式内存管理,使用 LRU 页面替换算法,考虑下面的页面访问地址流(每次访问在一个时间单位内完成):1、8、1、7、8、2、7、2、1、8、3、8、2、1、3、1、7、1、3、7,假定内存容量为 4 个页面,开始时是空的,则页面失效次数是_____。

      A. 4　　　　B. 5　　　　C. 6　　　　D. 7

分析:答案 C。采用 LRU 页面置换算法,缺页次数如表 5-3 所示。

表 5-3　缺页次数

页面访问	1	8	1	7	8	2	7	2	1	8	3	8	2	1	3	1	7	1	3	7
物理块 1	1	1		1		1					1					1				
物理块 2		8		8		8					8					7				
物理块 3				7		7					3					3				
物理块 4						2					2					2				
是否缺页	×	×		×		×					×					×				

例题 8 分页式虚拟存储系统中,页面的大小与可能产生的缺页中断次数_____。
  A. 成正比   B. 成反比
  C. 无关   D. 成固定比例

分析:答案 B。页面设置的越大,缺页中断次数越少。

例题 9 段页式存储管理吸取了页式管理和段式管理的长处,其实现原理结合了页式和段式管理的基本思想,即_____。
  A. 用分段方法来分配和管理物理存储空间,用分页方法来管理用户地址空间
  B. 用分段方法来分配和管理用户地址空间,用分页方法来管理物理存储空间
  C. 用分段方法来分配和管理主存空间,用分页方法来管理辅存空间
  D. 用分段方法来分配和管理辅存空间,用分页方法来管理主存空间

分析:答案 B。分页系统能有效地提高内存的利用率,而分段系统能反映程序的逻辑结构,便于段的共享与保护,将分页与分段两种存储方式结合起来,就形成了段页式存储管理方式。在段页式存储管理系统中,作业的地址空间首先被分成若干个逻辑分段,每段都有自己的段号,然后再将每段分成若干个大小相等的页。对于主存空间也分成大小相等的页,主存的分配以页为单位。

例题 10 段式和页式存储管理的地址结构很类似,但是它们有实质上的不同,以下错误的是_____。
  A. 页式的逻辑地址是连续的,段式的逻辑地址可以不连续
  B. 页式的地址是一维的,段式的地址是二维的
  C. 分页是操作系统进行的,分段是用户确定的
  D. 页式采用静态重定位方式,段式采用动态重定位方式

分析:答案 D。页和分段系统有许多相似之处,但在概念上两者完全不同,主要表现在:①页是信息的物理单位,分页是为实现离散分配方式,以消减内存的外零头,提高内存的利用率;或者说,分页仅仅是由于系统管理的需要,而不是用户的需要。段是信息的逻辑单位,它含有一组其意义相对完整的信息。分段的目的是为了能更好地满足用户的需要。②页的大小固定且由系统确定,把逻辑地址划分为页号和页内地址两部分,是由机器硬件实现的,因而一个系统只能有一种大小的页面。段的长度却不固定,决定于用户所编写的程序,通常由编辑程序在对源程序进行编辑时,根据信息的性质来划分。③分页的作业地址空间是一维的,即单一的线性空间,程序员只须利用一个记忆符,即可表示一个地址。分段的作业地址空间是二维的,程序员在标识一个地址时,既需给出段名,又需给出段内地址。

例题 11 在某系统中,采用固定分区分配管理方式,内存分区(单位:字节)情况如图 5-1 所示。现有大小为 1K、9K、33K、121K 的多个作业要求进入内存,说明它们进入内存后浪费的空间有多大?

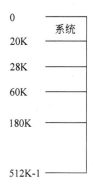

图 5-1　11 题

分析：4 个作业进入内存后，主存产生 (8−1)+(32−9)+(120−33)+(332−121)=328K 的内部碎片空间浪费。

例题 12　若在一分页存储管理系统中，某作业的页表如表所示。已知页面大小为 1024 字节，试将逻辑地址 1011,2148,3000,4000,5012 转化为相应的物理地址。

表 5-4　12 题

页　号	块　号
0	2
1	3
2	1
3	6

分析：

设页号为 P，页内位移为 W，逻辑地址为 A，页面大小为 L，则：$P=A/L, W=A\%L$，当页号大于页表长度时发生越界中断。

答：

(1) 逻辑地址 1011

$P=1011/1024=0$

$W=1011\%1024=1011$

查页表知第 0 页在第 2 块，所以物理地址为：$2\times1024+1011=3059$。

(2) 逻辑地址 2148

$P=2148/1024=2$

$W=2148\%1024=100$

查页表知第 2 页在第 1 块，所以物理地址为：$1\times1024+100=1124$。

(3) 逻辑地址 3000

$P=3000/1024=2$

$W=3000\%1024=952$

查页表知第 2 页在第 1 块,所以物理地址为:$1\times1024+952=1976$。

(4) 逻辑地址 4000

$P=4000/1024=3$

$W=4000\%1024=928$

查页表知第 3 页在第 6 块,所以物理地址为:$6\times1024+928=7072$。

(5) 逻辑地址 5012

$P=5012/1024=4$

$W=5012\%1024=916$

因页号超过页表长度,该逻辑地址非法。

例题 13 在一个分段存储管理系统中,其段表如表 5-5 所示。试求表 5-6 中逻辑地址对应的物理地址是多少。

表 5-5 段表

段 号	段 首 址	段 长 度
0	210	500
1	2350	20
2	100	90
3	1350	590
4	1938	95

表 5-6 逻辑地址

段 号	段 内 位 移
0	430
1	10
2	500
3	400
4	112
5	32

分析:为了实现从进程的逻辑地址到物理地址的变换功能,在系统中设置了段表寄存器,用于存放段表始址和段表长度 TL。在进行地址变换时,系统将逻辑地址中的段号与段表长度 TL 进行比较。若 S>TL,表示段号太大,是访问越界,于是产生越界中断信号;若未越界,则根据段表的始址和该段的段号,计算出该段对应段表项的位置,从中读出该段在内存的起始地址,然后,再检查段内地址 d 是否超过该段的段长 SL。若超过,即 d>SL,同样发出越界中断信号;若未越界,则将该段的基址 d 与段内地址相加,即可得到要访问的内存物理地址。

答:

(1) (0,430)是合法地址,对应的物理地址:$210+430=640$。

(2) (1,10)是合法地址,对应的物理地址:2350+10=2360。

(3) (2,500)的段位移超过了段长,为非法地址。

(4) (3,400)是合法地址,对应的物理地址:1350+400=1750。

(5) (4,112)的段位移超过了段长,为非法地址。

(6) 系统不在第5段,逻辑地址(5,32)为非法地址。

例题 14 有一页式系统,其页表存放在内存中。

(1) 如果对内存的一次存取需要 $1.5\mu s$,问实现一次页面访问的存取时间是多少?

(2) 如果系统增加有快表,平均命中率为85%,当页表项在快表中时,其查找时间忽略为0,问此时的存取时间为多少?

分析:利用页表对内存进行存取需要访问两次内存,第一次先访问内存中的页表找到页号所对应的物理块号,第二次才是通过块号对内存中的数据进行存取。在具有快表的页式存储管理方式中,页表被放在快表内,每次访问它时,利用页号去访问快表,若找到匹配项,便可以从中得到相应的物理块号,用来和页内地址一起生成物理地址;若找不到匹配项,则需再次访问内存,得到物理块号,并将其抄入快表。

答:

(1) $1.5\times2=3\mu s$

(2) 因为页表项在快表中查找时间忽略为0,所以 $0.85\times1.5+(1-0.85)\times2\times1.5=1.725\mu s$。

例题 15 在一个请求页式存储系统中,一个程序的页面走向为1,2,1,4,3,2,3,5,1,2,1,3。假设分配给该程序的存储块数为4,则采用FIFO、LRU页面置换算法时,访问过程中的缺页次数分别是多少?

分析:如表5-7所示,(1) FIFO:共发生7次缺页中断。

(2) LRU:共发生6次缺页中断。

表 5-7 缺页次数

	页面访问	1	2	1	4	3	2	3	5	1	2	1	3
FIFO	物理块1	1	1		1	1			5	5	5		
	物理块2		2		2	2			2	1	1		
	物理块3				4	4			4	4	2		
	物理块4					3			3	3	3		
	是否缺页	×	×		×	×			×	×	×		
LRU	物理块1	1	1		1	1			5	5			
	物理块2		2		2	2			2	2			
	物理块3				4	4			4	1			
	物理块4					3			3	3			
	是否缺页	×	×		×	×			×	×			

5.2 课后自测题

一、选择题

1. 很好地解决了"零头"问题的存储管理方法是_____。
   A. 页式存储管理　　　　　　　　B. 段式存储管理
   C. 多重分区管理　　　　　　　　D. 可变式分区管理
2. 系统"抖动"现象的发生是由_____引起的。
   A. 置换算法选择不当　　　　　　B. 交换的信息量过大
   C. 内存容量不足　　　　　　　　D. 请求页式管理方案
3. 作业在执行中发生了缺页中断,经操作系统处理后,应让其执行_____指令。
   A. 被中断的前一条　　　　　　　B. 被中断的
   C. 被中断的后一条　　　　　　　D. 启动时的第一条
4. 在分页系统环境下,程序员编制的程序,其地址空间是连续的,分页是由_____完成的。
   A. 程序员　　　B. 编译地址　　　C. 用户　　　D. 系统
5. 在段页式存储管理系统中,内存等分成_____,程序按逻辑模块划分成若干_____。
   A. 块,页　　　B. 块,段　　　C. 分区,段　　　D. 段,页
6. 虚拟存储管理系统的基础是程序的_____理论。
   A. 局部性　　　B. 全局性　　　C. 动态性　　　D. 虚拟性
7. 如果一个程序为多个进程所共享,那么该程序的代码在执行的过程中不能被修改,即程序应该是_____。
   A. 可执行码　　　B. 可重入码　　　C. 可改变码　　　D. 可再现码
8. 在分时系统中,可将作业不需要或暂时不需要的部分移到辅存,让出主存空间以调入其他所需数据,称为_____。
   A. 覆盖技术　　　B. 对换技术　　　C. 虚拟技术　　　D. 物理扩充
9. 支持多道程序设计,算法简单,但存储碎片多的存储管理方式是_____。
   A. 段式　　　B. 页式　　　C. 固定分区　　　D. 段页式
10. 碎片是指_____。
    A. 存储分配完后所剩的空闲区　　　　B. 没有被使用的存储区
    C. 不能被使用的存储区　　　　　　　D. 未被使用,而又暂时不能使用的空闲区
11. 段式存储管理中分段是用户决定的,因此_____。
    A. 段内的地址和段间的地址都是连续的

B. 段内的地址是连续的,段间的地址是不连续的

C. 段内的地址是不连续的,段间的地址是连续的

D. 段内的地址和段间的地址都是不连续的

12. 下列存储管理方案中,不要求将作业全部调入并且也不要求连续存储空间的是_____。

    A. 固定分区   B. 可变分区

    C. 页式存储管理   D. 页式虚拟存储管理

13. 与虚拟存储技术不能配合使用的是_____。

    A. 分区存储管理   B. 页式存储管理

    C. 段式存储管理   D. 段页式存储管理

14. 不可能产生系统抖动现象的存储管理是_____。

    A. 固定分区管理   B. 分页式虚拟存储管理

    C. 段式虚拟存储管理   D. 以上都不对

15. 页式虚拟存储管理的主要特点是_____。

    A. 不要求将作业装入到主存的连续区域

    B. 不要求将作业同时全部装入到主存的连续区域

    C. 不要求进行缺页中断处理

    D. 不要求进行页面置换

16. 在请求分页存储管理中,当所访问的页面不在内存时,便产生缺页中断,缺页中断是属于_____。

    A. I/O中断   B. 程序中断   C. 访管中断   D. 外中断

17. 下述_____页面淘汰算法会产生Belady现象。

    A. 先进先出   B. 最近最少使用   C. 最不经常使用   D. 最佳

18. 在请求分页存储管理系统中,凡未装入过的页都应从_____调入主存。

    A. 系统区   B. 文件区   C. 交换区   D. 页面缓冲区

19. 关于分页管理系统的页面调度算法说法中错误的是_____。

    A. 一个好的页面置换算法应减少和避免颠簸现象

    B. FIFO置换算法实现简单,选择最先进入内存的页面调出

    C. LFU置换算法是基于局部性原理的算法,首先调出最近一段时间未被访问过的页面

    D. CLOCK置换算法首先调出一段时间内被访问次数多的页面

20. 在虚拟存储系统中,若进程在内存中占三块(开始时为空),采用先进先出页面淘汰算法,当执行访问页号序列为1、2、3、4、1、2、5、1、2、3、4、5、6时,将产生_____次缺页中断。

A. 7　　　　　B. 8　　　　　C. 9　　　　　D. 10

二、填空题

1. 页式存储管理中的页表指出了_____与_____之间的对应关系。

2. 页式存储管理按给定的逻辑地址读写时,要访问两次主存:第一次_____,第二次_____。

3. 段式存储管理以段为单位进行存储空间的管理,_____的地址是连续的,_____的地址是不连续的。

4. 分页是由_____自动完成的,而分段是由_____决定的。

5. 虚拟存储器实际上是为_____而采用的一种设计技巧,并非真正的存储器。

6. 虚拟存储器不能无限大,它的容量由计算机的_____和_____决定,而与实际的主存容量无关。

7. 分页式虚拟存储管理的页表增加标志位,指出对应页是否已经装入_____,若未装入,则产生_____中断。

8. 常用的页面置换算法中,总是淘汰最先进入主存的那一页的,称为_____置换算法;最近最少使用置换算法选择最近一段时间里_____的页调出。

9. 最近最少使用置换算法是基于程序执行的_____理论,即程序一旦访问到某些位置的数据或指令,可能在一段时间里经常会访问它们。

10. 设有 8 页的逻辑空间,每页有 1024 字节,它们被映射到 32 块的物理存储区中,那么,逻辑地址的有效位是_____位,物理地址至少是_____位。

三、简答题

1. 试述缺页中断与一般中断的主要区别。

2. 试述分页系统和分段系统的主要区别。

3. 假定占有 m 块(初始为空)的进程有一个页访问串,这个页访问串的长度为 p,其中涉及 n 个不同的页号。对于任何页面替换算法,求出:

   (1) 缺页中断次数的下界是多少?

   (2) 缺页中断次数的上界是多少?

4. 在内存管理中"内零头"和"外零头"各指的是什么?在固定式分区分配、可变式分区分配、页式虚拟存储系统、段式虚拟存储系统中,各会存在何种零头?为什么?

5. 设有一页式存储管理系统,向用户提供的逻辑空间最大为 16 页,每页有 2048B,内存共有 8 个存储块,那么逻辑地址至少应为多少位?内存空间有多大?

6. 在一个请求分页系统中,假定系统分配给一个作业的物理块数为 3,并且此作业的页面走向为 2、3、2、1、5、2、4、5、3、2、5、2。试用 FIFO 和 LRU 两种算法分别计算出程序访问过程中所发生的缺页次数。

7. 某采用页式存储管理的系统,接收了一个共 7 页的作业,作业执行时依次访问的页为：1、2、3、4、2、1、5、6、2、1、2、3、7。当内存块数量为4时,请分别用先进先出(FIFO)置换算法和最近最少使用(LRU)置换算法,计算作业执行过程中会产生多少次缺页中断?写出依次产生缺页中断后应淘汰的页。(所有内存开始时都是空的,凡第一次用到的页面都产生一次缺页中断。要求写出计算过程。)

8. 在一个请求分页系统中,分别采用FIFO、LRU和OPT页面置换算法时,假如一个作业的页面走向为4、3、2、1、4、3、5、4、3、2、1、5,当分配给该作业的物理块数M分别为3、4时,试计算在访问过程中所发生的缺页次数和缺页率,并比较所得结果。

5.3 自测题答案及分析

一、选择题

1. A 2. A 3. B 4. D 5. B 6. A 7. B 8. B 9. C 10. D 11. B 12. D 13. A 14. A 15. B 16. B

17. A 分析:所谓Belady现象是指在分页式虚拟存储器管理中,发生缺页时的置换算法采用FIFO(先进先出)算法时,如果对一个进程未分配它所要求的全部页面,有时就会出现分配的页面数增多但缺页率反而提高的异常现象。

18. B 分析:①系统拥有足够的对换区空间,这时可以全部从对换区调入所需页面,以提高调页速度。为此,在进程运行前,必须将与该进程有关的文件,从文件区复制到对换区。②系统缺少足够的对换区空间,这时凡是不会被修改的文件,都直接从文件区调入;而当换出这些页面时,由于它们未被修改而不必再将它们换出,以后再调入时,仍从文件区直接调入。但对于那些可能被修改的部分,在将它们换出时,必须调到对换区,以后需要时,再从对换区调入。③UNIX方式。凡是未运行过的页面,都应从文件区调入。

19. C 分析:LFU置换算法,即最不经常使用(Least Frequently Used,LFU)算法,选择近期最少访问的页面替换。这种算法容易与LRU算法混淆,是因为翻译的原因。实际上,LRU应该翻译为最久没有使用算法比较符合原意,这样就容易理解:LFU记录页面访问的"多少",而LRU记录"有无"页面访问,前者更加复杂。所以C选项是错误的。

20. D 分析:如表5-8所示,共发生10次缺页中断。

表5-8 缺页中断

页面访问	1	2	3	4	1	2	5	1	2	3	4	5	6
物理块1	1	1	1	4	4	4	5			5	5		6
物理块2		2	2	2	1	1	1			3	3		3
物理块3			3	3	3	2	2			2	4		4
是否缺页	×	×	×	×	×	×	×			×	×		×

二、填空题

1. 页号　块号
2. 按页号读出页表中所对应的块号　按计算出来的绝对地址进行读写
3. 段内　段与段之间　4. 系统　用户　5. 扩大主存容量
6. 地址结构　辅存的容量　7. 主存　缺页
8. 先进先出(或 FIFO)　最久没有被使用过　9. 局部性　10. 13　15

三、简答题

1. 缺页中断作为中断,同样需要经历保护 CPU 现场、分析中断原因、转缺页中断处理程序进行处理、恢复 CPU 现场等步骤。但缺页中断又是一种特殊的中断,它与一般中断的主要区别如下。

(1) 在指令执行期间产生和处理中断信号。通常,CPU 都是在一条指令执行完后去检查是否有中断请求到达。若有便去响应中断;否则继续执行下一条指令。而缺页中断是在指令执行期间,发现所要访问的指令或数据不在内存时产生和处理的。

(2) 一条指令在执行期间可能产生多次缺页中断。例如,对于一条读取数据的多字节指令,指令本身跨越两个页面,假定指令后一部分所在页面和数据所在页面均不在内存,则该指令的执行至少产生两次缺页中断。

2. 分页和分段有许多相似之处,比如两者都不要求作业连续存放。但在概念上两者完全不同,主要表现在以下几个方面。

(1) 页是信息的物理单位,分页是为了实现非连续分配,以便解决内存碎片问题,或者说分页是由于系统管理的需要。段是信息的逻辑单位,它含有一组意义相对完整的信息,分段的目的是为了更好地实现共享,满足用户的需要。

(2) 页的大小固定且由系统确定,将逻辑地址划分为页号和页内地址是由机器硬件实现的,而段的长度却不固定,决定于用户所编写的程序,通常由编译程序在对源程序进行编译时根据信息的性质来划分。

(3) 分页的作业地址空间是一维的;分段的地址空间是二维的。

3. (1) 缺页中断次数的下界是 m。

(2) 缺页中断次数的上界是 p。

4. 内零头(又称内部碎片):若存储单元长度为 n,该块存储的作业长度为 m,则剩下的长度为 $n-m$ 的空间称为该单元的内部碎片;若存储单元长度为 n,在该系统所采用的调度算法下较长时间内无法选出一道长度不超过该块的作业,则称该块为外零头(外部碎片)。

在固定式分区分配中两种零头均会存在,因为空间划分是固定的,无论作业长短,存储单元均不会随之变化,若作业短而存储块长则产生内零头,若作业长而存储块短则产生外零头。

在可变式分区分配中只有外零头而无内零头,因为空间划分是依作业长度进行的,要多少给多少,但剩下的部分太短而无法再分则成为外零头。

页式虚存中会存在内零头而无外零头,因存储空间与作业均分为等长单元,所以不存在无法分配的单元,但作业长度并不刚好为页面大小的整数倍,因此在最后一页会有剩余空间,即为内零头。

段式虚存中会存在外零头而无内零头,因段式的空间划分类似于可变分区分配,根据段长分配,要多少给多少,但会剩余小空间无法分配,则为外零头。

5. $2^4=16$,所以页号占 4 位,页长为 $2^{11}=2048$,所以页内地址占 11 位,$4+11=15$,所以逻辑地址为 15 位。存储块有 8 个,每个存储块对应 2048B 大小的页框,所以主存空间为 $8×2048=8×2K=16KB$。

6. 如表 5-9 所示,(1) FIFO:共发生 9 次缺页中断。
(2) LRU:共发生 7 次缺页中断。

表 5-9 缺页中断

	页面访问	2	3	2	1	5	2	4	5	3	2	5	2
FIFO	物理块1	2	2		2	5	5	5		3		3	3
	物理块2		3		3	3	2	2		2		5	5
	物理块3				1	1	1	4		4		4	2
	是否缺页	×	×		×	×	×	×		×		×	×
LRU	物理块1	2	2		2	2		2		3	3		
	物理块2		3		3	5		5		5	5		
	物理块3				1	1		4		4	2		
	是否缺页	×	×		×	×		×		×	×		

7. 答:采用先进先出(FIFO)置换算法,共产生 10 次缺页中断,依次淘汰的页是 1、2、3、4、5、6;采用最近最少使用(LRU)置换算法,共产生 8 次缺页中断,依次淘汰的页是 3、4、5、6,如表 5-10 所示。

表 5-10 缺页中断

	页面访问	1	2	3	4	2	1	5	6	2	1	2	3	7
FIFO	物理块1	1	1	1	1			5	5	5	5		3	3
	物理块2		2	2	2			2	6	6	6		6	7
	物理块3			3	3			3	3	2	2		2	2
	物理块4				4			4	4	4	1		1	1
	是否缺页	×	×	×	×			×	×	×	×		×	×
LRU	物理块1	1	1	1	1			1	1				1	1
	物理块2		2	2	2			2	2				2	2
	物理块3			3	3			5	5				3	3
	物理块4				4			4	6				6	7
	是否缺页	×	×	×	×			×	×				×	×

8.（1）如表 5-11 所示，$M=3$ 时　FIFO：共发生 9 次缺页中断，缺页率＝9/12＝75%。

LRU：共发生 10 次缺页中断，缺页率＝10/12＝83.3%。

OPT：共发生 7 次缺页中断，缺页率＝7/12＝58.3%。

表 5-11　缺页中断

	页面访问	4	3	2	1	4	3	5	4	3	2	1	5
FIFO	物理块 1	4	4	4	1	1	1	5			5	5	
	物理块 2		3	3	3	4	4	4			2	2	
	物理块 3			2	2	2	3	3			3	1	
	是否缺页	×	×	×	×	×	×	×			×	×	
LRU	物理块 1	4	4	4	1	1	1	5			2	2	2
	物理块 2		3	3	3	4	4	4			4	1	1
	物理块 3			2	2	2	3	3			3	3	5
	是否缺页	×	×	×	×	×	×	×			×	×	×
OPT	物理块 1	4	4	4	4			4			2	1	
	物理块 2		3	3	3			3			3	3	
	物理块 3			2	1			5			5	5	
	是否缺页	×	×	×	×			×			×	×	

（2）如表 5-12 所示，$M=4$ 时　FIFO：共发生 10 次缺页中断缺页率＝10/12＝83.3%。

LRU：共发生 8 次缺页中断缺页率＝8/12＝66.7%。

OPT：共发生 6 次缺页中断缺页率＝6/12＝50%。

表 5-12　缺页中断

	页面访问	4	3	2	1	4	3	5	4	3	2	1	5
FIFO	物理块 1	4	4	4	4			5	5	5	5	1	1
	物理块 2		3	3	3			3	4	4	4	4	5
	物理块 3			2	2			2	2	3	3	3	3
	物理块 4				1			1	1	1	2	2	2
	是否缺页	×	×	×	×			×	×	×	×	×	×
LRU	物理块 1	4	4	4	4			4			4	4	5
	物理块 2		3	3	3			3			3	3	3
	物理块 3			2	2			5			5	1	1
	物理块 4				1			1			2	2	2
	是否缺页	×	×	×	×			×			×	×	×
OPT	物理块 1	4	4	4	4			4				1	
	物理块 2		3	3	3			3				3	
	物理块 3			2	2			2				2	
	物理块 4				1			5				5	
	是否缺页	×	×	×	×			×				×	

由上述结果可以看出，对先进先出算法而言，增加分配给作业的内存块数反而出现缺页次数增加的异常现象。

第 6 章　I/O 管理

6.1　例题解析

例题 1　CPU 对通道的请求形式是_____。

　　A. 自陷　　　　B. 中断　　　　C. 通道命令　　　D. 转移指令

分析：答案 C。CPU 通过通道命令启动通道，指出它所要执行的 I/O 操作和要访问的设备，通道接到该命令后，便向主存索取相应的通道程序来完成对 I/O 设备的管理。

例题 2　环状缓冲区是一种_____。

　　A. 单缓冲区　　B. 双缓冲区　　C. 多缓冲区　　　D. 缓冲池

分析：答案 C。所谓环状缓冲区就是一个循环链表结构。每个缓冲区中有一个链指针，用以指示下一个缓冲区的地址，最后一个缓冲区指针指向第一个缓冲区地址，这样，N 个缓冲区链成一个环状。此外，还有一个链头指针，指向环状缓冲区中的第一个缓冲区。

例题 3　在配有操作系统的计算机中，用户程序通过_____向操作系统指出使用外部设备的要求。

　　A. 作业申请　　B. 原语　　　　C. 系统调用　　　D. I/O 指令

分析：答案 C。就启动外设来说，硬件有输入/输出指令。但在配有操作系统后，对系统资源的分配、控制不能由用户干预，而必须由操作系统统一管理。用户程序可以通过操作系统提供的程序一级的接口来使用计算机系统的资源。操作系统为用户提供的程序一级的接口就是系统调用，又称广义指令。

例题 4　下列叙述中，正确的一条是_____。

　　A. 在设备 I/O 中引入缓冲技术的目的是为了节省内存

　　B. 指令中的地址结构和外存容量是决定虚存作业地址空间的两个因素

　　C. 处于阻塞状态的进程被唤醒后，可直接进入运行状态

　　D. 在请求页式管理中，FIFO 置换算法的内存利用率是较高的

分析：答案 B。在设备 I/O 中引入缓冲技术的目的，是为了缓解 CPU 与 I/O 设备之间速度不匹配的状况。因此，A 选项是错误的。虚存系统中，机器指令的地址结构和外存容

量是决定作业地址空间大小的两个因素,因此 B 选项正确。处于阻塞状态的进程被唤醒后,是被放入就绪队列,是否投入运行要由进程调度算法来决定。C 选项错误。由于 FIFO 算法是基于 CPU 按线性顺序访问地址空间这一假设,而事实上许多时候,CPU 不是按线性顺序访问地址空间的,所以它的内存利用率并不很好。故 D 选项错误。

例题 5 用户程序发出磁盘 I/O 请求后,系统的正确处理流程是_____。

A. 用户程序→系统调用处理程序→中断处理程序→设备驱动程序
B. 用户程序→系统调用处理程序→设备驱动程序→中断处理程序
C. 用户程序→设备驱动程序→系统调用处理程序→中断处理程序
D. 用户程序→设备驱动程序→中断处理程序→系统调用处理程序

分析:答案 B。输入/输出软件一般从上到下分为 4 个层次:用户层、与设备无关软件层、设备驱动程序以及中断处理程序。与设备无关软件层也就是系统调用的处理程序。所以正确处理流程为 B 选项。

例题 6 某文件占 10 个磁盘块,现要把该文件磁盘块逐个读入主存缓冲区,并送到用户区进行分析,假设一个缓冲区与一个磁盘块大小相同,把一个磁盘块读入缓冲区的时间为 $100\mu s$,将缓冲区的数据传送到用户区的时间是 $50\mu s$,CPU 对一块数据进行分析的时间为 $50\mu s$。在单缓冲区和双缓冲区结构下,读入并分析完该文件的时间分别是_____和_____。

A. $1500\mu s, 1000\mu s$ B. $1550\mu s, 1100\mu s$
C. $1550\mu s, 1550\mu s$ D. $2000\mu s, 2000\mu s$

分析:答案 B。在单缓冲区下当上一个磁盘块从缓冲区读入用户区完成时,下一个磁盘才能开始读入,也就是当最后一块磁盘块读入用户区完毕时所用的时间为 $150 \times 10 = 1500$。加上最后处理最后一个磁盘块的时间 $50\mu s$ 为 1550。双缓冲区下,不存在等待磁盘块从缓冲区读入用户区的问题,也就是 $100 \times 10 + 100 = 1100$。

例题 7 假设一个单处理机系统,以单道批处理方式处理一个作业流,作业流中有两道作业,其占用 CPU 计算时间、输入卡片数、打印输出行数如表 6-1 所示。

表 6-1 单处理机系统数据

作 业 号	占用 CPU 计算时间/分	输入卡片张数/张	输出行数/行
A	3	100	2000
B	2	200	600

其中,卡片输入机速度为 1000 张/分钟;打印机速度为 1000 行/分钟。试计算:

(1) 不采用 SPOOLing 技术,计算这两道作业的总运行时间(从第一个作业输入开始,到第二个作业输出完成为止)。

(2) 如果采用 SPOOLing 技术,计算这两道作业的总运行时间。

答:

(1) 不采用 SPOOLing 技术,如图 6-1 所示。

100/1000(输入)＋3(执行)＋2000/1000(输出)＋200/2000＋2＋600/1000＝7.9 分钟。

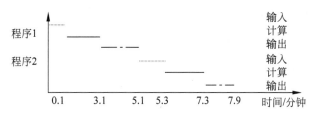

图 6-1 不采用 SPOOLing 技术

(2) 采用 SPOOLing 技术用 5.7 分钟,如图 6-2 所示。

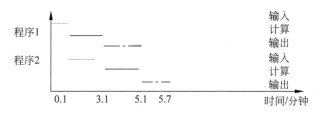

图 6-2 采用 SPOOLing 技术

例题 8 某磁盘组共有 200 个柱面,由外至内依次编号为 0,…,199。I/O 请求以 10, 100,191,31,20,150,32 的次序到达,假定引臂当前位于柱面 98 处,对 FCFS,SSTF,SCAN 调度算法分别给出寻道示意图,并计算总移动量。对 SCAN 假定引臂当前移动方向由外向内。

答:磁盘调度算法寻道示意图如图 6-3 所示。

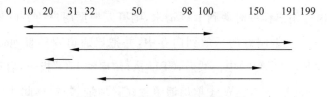

图 6-3 磁盘调度算法寻道示意图

总移动量＝(98－10)＋(100－10)＋(191－100)＋(191－31)＋(31－20)＋(150－20)＋(150－32)＝88＋90＋91＋160＋9＋130＋118＝686

SSTF 磁盘调度算法寻道示意图如图 6-4 所示。

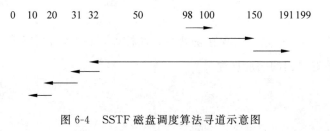

图 6-4 SSTF 磁盘调度算法寻道示意图

总移动量=(100−98)+(150−100)+(191−150)+(191−32)+(32−31)+(31−20)+(20−10)=2+50+41+159+1+9+10=272

SCAN 磁盘调度算法寻道示意图如图 6-5 所示。

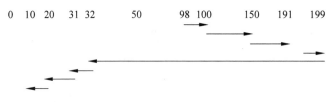

图 6-5 SCAN 磁盘调度算法寻道示意图

总移动量=(100−98)+(150−100)+(191−150)+(199−191)+(199−32)+(32−31)+(31−20)+(20−10)=2+50+41+8+167+1+11+10=290

例题 9 什么叫缓冲？缓冲与缓存有何差别？

答：利用存储区缓解数据到达速度与离去速度不一致而采用的技术称为缓冲，此时同一数据只包含一个复制。例如，操作系统以缓冲方式实现设备的输入和输出操作主要是缓解处理机与设备之间速度不匹配的矛盾，从而提高资源利用率和系统效率。

缓存是为提高数据访问速度而将部分数据由慢速设备预取到快速设备上的技术，此时同一数据存在多个复制。例如，远程文件的一部分被取到本地。当然，在有些情况下，缓冲同时具有缓存的作用。例如，UNIX 系统对于块型设备的缓冲区，在使用时可保持与磁盘块之间的对应关系，既有缓冲的作用也有缓存的作用，通过预先读与延迟写技术，进一步提高了 I/O 效率。

例题 10 系统采用通道方式后，输入输出过程如何处理？

答：CPU 在执行用户程序时遇到 I/O 请求，则可以根据用户的 I/O 请求生成通道程序（通道程序也可能是事先编制好的），放到内存中，并把该通道程序首地址放入通道地址字（Channel Address Word，CAW）中。然后，CPU 执行"启动 I/O"指令，启动通道工作。通道接收"启动 I/O"指令信号，从 CAW 中取出通道程序首地址，并根据此地址取出通道程序的第一条指令，放入通道控制字（Channel Command Word，CCW）中；同时向 CPU 发回答信号，通知"启动 I/O"指令执行完毕，CPU 可继续执行。而通道开始执行通道程序，进行物理 I/O 操作。执行完一条指令，如果还有下一条指令则继续执行，否则表示传输完成，同时自行停止，CPU 转去处理通道结束事件，并从通道状态字（Channel Status Word，CSW）中得到有关通道状态。

例题 11 假定磁盘的移动臂现在正处在第 8 柱面，有如表 6-2 所示 6 个请求者等待访问磁盘，请列出最省时间的响应次序。

表 6-2 请求者

序 号	柱 面 号	磁 头 号	扇 区 号
(1)	9	6	3
(2)	7	5	6
(3)	15	20	6
(4)	9	4	4
(5)	20	9	5
(6)	7	15	2

答：做这一题的基本思路是优先考虑柱面号,也就是先考虑对磁盘的查找优化,然后再考虑磁头号、扇区号的因素。

由于目前磁盘的移动臂正处在第 8 柱面,因此先响应(2)、(6)请求(因为,它们处于第 7 柱面),然后响应(1)、(4)请求(因为,它们处于第 9 柱面),再响应(3)请求,最后响应(5)请求。

最省时间的响应次序为：(2)、(6)、(1)、(4)、(3)、(5)。

其中,(2)、(6)顺序可颠倒,(1)、(4)顺序也可颠倒。

6.2 课后自测题

一、选择题

1. 下列设备中,不属于独占设备的是_____。
   A. 打印机　　　B. 磁盘　　　　C. 终端　　　　D. 磁带
2. 大多数低速设备都属于_____设备。
   A. 独占　　　　B. 共享　　　　C. 虚拟　　　　D. SPOOLing
3. 通过硬件和软件的功能扩充,把原来独占的设备改造成为能为若干用户共享的设备,这种设备称为_____设备。
   A. 存储　　　　B. 块　　　　　C. 共享　　　　D. 虚拟
4. 设备管理的目的是为了合理地利用外部设备和_____。
   A. 提高 CPU 利用率　B. 提供接口　　C. 方便用户　　D. 实现虚拟设备
5. 按_____分类可将设备分为块设备和字符设备。
   A. 从属关系　　B. 操作特性　　C. 共享属性　　D. 信息交换单位
6. 计算机系统启动外围设备是按_____启动的。
   A. 设备的绝对号　B. 设备的相对号　C. 通道号　　　D. 设备名
7. 在操作系统中,用户在使用 I/O 设备时,通常采用_____。
   A. 设备的绝对号　B. 设备的相对号　C. 虚拟设备号　D. 设备名

8. CPU 启动通道后,设备的控制工作由_____。

   A. CPU 执行程序来控制

   B. CPU 执行通道程序来控制

   C. 通道独立执行预先编好的通道程序来控制

   D. 通道执行用户程序来控制

9. 通道是一种_____。

   A. I/O 端口　　　B. 数据通道　　　C. I/O 专用处理机　D. 软件工具

10. 操作系统采用缓冲技术,能够减少对 CPU 的_____次数,从而提高资源的利用率。

    A. 中断　　　　B. 访问　　　　C. 控制　　　　D. 依赖

11. 设备独立性是指_____。

    A. 设备具有独立执行 I/O 功能的一种特性

    B. 设备驱动程序独立于具体使用的物理设备的一种特性

    C. 能独立实现设备共享的一种特性

    D. 用户程序使用的设备与实际使用哪台设备无关的一种特性

12. 用户编制的程序与实际使用的物理设备无关是由_____功能实现的。

    A. 设备分配　　　B. 设备驱动　　　C. 虚拟设备　　　D. 设备独立性

13. 下列描述中,不是设备管理的功能的是_____。

    A. 实现缓冲区管理　　　　　　B. 进行设备分配

    C. 实现中断处理　　　　　　　D. 完成 I/O 操作

14. SPOOLing 技术一般不适用于_____。

    A. 实时系统　　　　　　　　　B. 多道批处理系统

    C. 网络操作系统　　　　　　　D. 多计算机系统

15. SPOOLing 技术可以实现设备的_____分配。

    A. 独占　　　　B. 共享　　　　C. 虚拟　　　　D. 物理

16. 下列关于设备驱动程序的描述,错误的是_____。

    A. 设备驱动程序应可以动态装卸

    B. 设备驱动程序往往由生产设备的厂家提供

    C. 设备驱动程序可使用系统调用

    D. 设备驱动程序可实现请求 I/O 进程与设备控制器之间的通信

17. 引入缓冲技术的主要目的是_____。

    A. 改善用户编程环境　　　　　B. 提高 CPU 的处理速度

    C. 提高 CPU 与设备之间的并行程度　D. 降低计算机的硬件成本

18. 下列缓冲技术中,对于一个具有信息的输入和输出速率相差不大的 I/O 系统比较有效的是_____。

    A. 双缓冲技术　　　B. 环形缓冲技术　　　C. 多缓冲技术　　　D. 单缓冲技术

19. 设备的打开、关闭、读、写等操作是由_____完成的。

    A. 用户程序　　　B. 编译程序　　　C. 设备分配程序　　　D. 设备驱动程序

20. 一个含有6个盘片的双面硬盘,盘片每面有100条磁道,则该硬盘的柱面数为_____。

    A. 12　　　B. 250　　　C. 100　　　D. 1200

21. 设磁盘的转速为3000r/min,盘面划分为10个扇区,则读取一个扇区的时间是_____。

    A. 20ms　　　B. 2ms　　　C. 3ms　　　D. 1ms

22. 缓冲技术中的缓冲池在_____中。

    A. 内存　　　B. 外存　　　C. ROM　　　D. 寄存器

23. 以下_____是CPU与I/O之间的接口,它接收从CPU发来的命令,并去控制I/O设备的工作,使CPU从繁杂的设备控制事务中解脱出来。

    A. 中断装置　　　B. 系统设备表　　　C. 逻辑设备表　　　D. 设备控制器

24. DMA方式是在_____之间建立一条直接数据通路。

    A. I/O设备和主存　　　　　　　　B. 两个I/O设备

    C. I/O设备和CPU　　　　　　　　D. CPU和主存

25. 设备管理程序对设备的管理是借助一些数据结构来进行的,下面的_____不属于设备管理的数据结构。

    A. DCT　　　B. JCB　　　C. COCT　　　D. CHCT

26. 在一般大型计算机系统中,主机对外围设备的控制可通过通道、控制器和设备三个层次来实现。下面的叙述中哪一条正确的?_____

    A. 控制器可控制通道,设备在通道控制下工作

    B. 通道控制器,设备在控制器控制下工作

    C. 通道和控制器分别控制设备

    D. 控制器控制通道和设备的工作

27. 假定把磁盘上一个数据块中的信息输入到一单缓冲区的时间 T 为 $100\mu s$,将缓冲区中的数据传送到用户区的时间 M 为 $50\mu s$,而CPU对这一块数据进行计算的时间 C 为 $50\mu s$。这样,系统对每一块数据的处理时间为_____;如果将单缓冲改为双缓冲,则系统对每一块数据的处理时间为_____。

    A. $50\mu s$　　　B. $100\mu s$　　　C. $150\mu s$　　　D. $200\mu s$

28. 下列算法中,用于磁盘调度的是_____。

    A. 时间片轮转　　　　　　　　B. LRU

C. 最短寻道时间优先   D. 优先级高者优先

29. 下列哪种磁盘调度算法不存在"磁臂黏着"现象？_____

    A. SSTF   B. SCAN   C. FSCAN   D. CSCAN

30. 如果有多个中断同时发生，系统将根据中断优先级响应优先级最高的中断请求。若要调整中断事件的响应次序，可以利用_____。

    A. 中断向量   B. 中断嵌套   C. 中断响应   D. 中断屏蔽

二、填空题

1. 磁带是一种_____的设备，它最适合的存取方法是_____。磁盘是一种_____的设备，磁盘在转动时经过读/写磁头所形成的圆形轨迹称为_____。

2. UNIX系统中，所有的输入/输出设备都被看成是_____。它们在使用形式上与_____相同，但它们的使用是和设备管理程序紧密相连的。

3. 设备分配应保证设备有高的利用率并应注意避免_____。

4. 在一般操作系统中，设备管理的主要功能包括_____、_____、_____和_____。

5. SPOOLing技术的中文译名：_____，它是关于慢速字符设备如何与计算机主机交换信息的一种技术，通常叫作"假脱机技术"。

6. 为实现控制器管理，系统中应当配置_____的数据结构。

7. 为实现设备分配，系统中应当配置_____和_____的数据结构。

8. 在DMA中必须设置地址寄存器，用于存放_____。

9. 数据多路通道是按_____方式工作的通道，它适用于连接_____设备。

10. 字节多路通道是按_____方式工作的通道，它适用于连接_____设备。

11. 在对打印机进行I/O控制时，通常采用_____方式，在对硬盘的I/O控制时采用_____方式。

12. 按资源分配，设备类型分为以下三类：独占设备、_____和_____。

13. 虚拟设备是通过_____技术把_____设备变成能为若干用户_____的设备。

14. 提高磁盘I/O速度的其他方法有_____、_____、_____。

15. 总线分为_____、_____和_____。

16. 缓冲的设置有_____、_____、_____和_____。

17. 设备驱动程序是_____和_____之间的一个_____程序。

18. 在实现了设备独立性的系统中，I/O进程申请设备是以_____来申请的。

三、问答题

1. 简略叙述I/O操作的演变过程：查询方式→中断方式→通道方式，并分析对于多道程序设计所带来的影响。

2. 通道与 DMA 之间有何共同点？有何差别？

3. 假定一磁盘有 200 个柱面,编号为 0~199,当前存取臂的位置在 143 号柱面上,并刚刚完成 125 号柱面的服务请求,如果请求队列的先后顺序是:86,147,91,177,94,150,102,175,130,试问：为完成上述请求,下列算法存取臂移动的总量是多少？并写出存取臂移动的顺序。

(1) FCFS；(2) SSTF；(3) SCAN。

4. 用户申请独占型设备为何不指定具体设备,而仅指定设备类别？

5. 为何不允许用户程序直接执行设备驱动指令？

6. 如何解决因通道不足而产生的瓶颈问题？

7. 有哪几种 I/O 控制方式？各适用于何种场合？

8. 试说明 SPOOLing 系统的组成。

9. 在实现后台打印时,SPOOLing 系统应为请求 I/O 的进程提供哪些服务？

10. 简述设备驱动程序的处理过程。

11. 设备驱动程序有哪些特点？

12. RAID 的分级为哪些？

13. 什么是虚拟设备？简述共享打印机的工作原理。

14. 当对磁盘上的一物理块进行访问时,要经过哪些操作？

6.3 自测题答案及分析

一、选择题

1. B 2. A 3. D 4. C 5. D 6. A 7. B 8. C 9. C 10. A 11. D 12. D
13. C 14. A 15. C 16. C 17. C 18. A 19. D

20. C 每片盘面有 100 个磁道,一个柱面是所有盘面相同磁道的集合,只和每个盘面的磁道数有关,也就是说柱面数和盘片数无关。

21. B 每旋转一周所需时间为 $60 \times 1000 \div 3000 = 20$ms；有 10 个扇区每个扇区,读取时间 $20 \div 10 = 2$ms

22. A 23. D 24. A 25. B 26. B 27. CB 28. C 29. C 30. D

二、填空题

1. 顺序存取,顺序存取,直接存取,磁道(或柱面) 2. 特殊文件,普通文件

3. 死锁问题 4. 分配设备,控制 I/O 操作,管理缓冲区,实现虚拟设备

5. 外部设备联机并行操作 6. 控制器控制表 7. 设备控制表,系统设备表

8. 主存地址 9. 数组交叉,高速 10. 字节交叉,低速

11. 中断驱动,DMA　12. 共享设备,虚拟设备

13. SPOOLing,独享的设备,共享的设备　14. 提前读,延迟写,虚拟盘

15. 内部总线,系统总线,外部总线　16. 单缓冲,双缓冲,循环缓冲,缓冲池

17. I/O 进程,设备控制器,通信　18. 逻辑设备名

三、问答题

1. 答：I/O 操作最早为查询方式,将待传输的数据放入 I/O 寄存器并启动设备,然后反复测试设备状态寄存器直至完成。采用这种方式,处理机与设备之间是完全串行的。伴随设备中断处理机的能力,产生了中断 I/O 方式。CPU 在启动设备后,可从事其他计算工作,设备与 CPU 并行,当设备 I/O 操作完成时,向 CPU 发送中断信号,处理机转去进行相应处理,然后可能再次启动设备传输。中断使多道程序设计成为可能：一方面中断使操作系统能够获得处理机控制权,另一方面通过 I/O 中断可以实现进程状态的转换。中断使处理机与设备之间的并行成为可能,但 I/O 操作通常以字节为单位,当设备很多时对处理机打扰很多,为此人们设计了专门处理 I/O 传输的处理机——通道。通道具有自己的指令系统,可以编写通道程序,一个通道程序可以控制完成许多 I/O 传输,只在通道程序结束时,才向处理机发生一次中断。

2. 答：通道与 DMA 都属于多数据 I/O 方式,二者的差别在于：通道控制器具有自己的指令系统,一个通道程序可以控制完成任意复杂的 I/O 传输,而 DMA 并没有指令系统,一次只能完成一个数据块传输。

3. 答：(1) 565 即 145→86→147→91→177→94→150→102→175→130

(2) 162 即 143→147→150→130→102→94→91→86→175→177

(3) 169 即 143→147→150→175→177→130→102→94→91→86

4. 答：进程申请独占型设备资源时,应当指定所需设备的类别,而不是指定某一具体的设备编号,系统根据当前请求以及资源分配情况在相应类别的设备中选择一个空闲设备并将其分配给申请者,这称作设备无关性。这种分配方案具有如下两个优点：①提高设备资源利用率,假设申请者指定具体设备,被指定的设备可能正被占用,因而无法得到,而其他同类设备可能空闲,造成资源浪费和进程不必要的等待；②程序与设备无关,假设申请者指定具体设备,而被指定设备已坏或不联机,则需要修改程序。

5. 答：①系统中的设备可能被多个进程所共享,例如磁盘就是这样的设备。如果允许用户程序直接执行设备驱动指令,那么就有可能损坏设备。②设备操作涉及很复杂的驱动过程,一般用户编写驱动程序是很大的负担,操作系统的目标是方便用户使用计算机系统,因而提供标准驱动程序。

6. 答：解决问题的有效方法是增加设备到主机间的通路而不增加通道,把一个设备连到多个控制器上,控制器又连到多个通道上,这种多通路方式解决了"瓶颈"问题,提高了系统可靠性,个别通道或控制器的故障不会使设备和存储器之间没有通路。

7. 答：共有以下 4 种 I/O 控制方式。

(1) 程序 I/O 方式：早期计算机无中断机构，处理机对 I/O 设备的控制采用程序 I/O 方式或称忙等的方式。

(2) 中断驱动 I/O 控制方式：适用于有中断机构的计算机系统中。

(3) 直接存储器访问（DMA）I/O 控制方式：适用于具有 DMA 控制器的计算机系统中。

(4) I/O 通道控制方式：具有通道程序的计算机系统中。

8. 答：SPOOLing 系统由输入井和输出井、输入缓冲区和输出缓冲区、输入进程 SPi 和输出进程 SPo 三部分组成。

9. 答：在实现后台打印时，SPOOLing 系统应为请求 I/O 的进程提供以下服务。

(1) 由输出进程在输出井中申请一空闲盘块区，并将要打印的数据送入其中；

(2) 输出进程为用户进程申请空白用户打印表，填入打印要求，将该表挂到请求打印队列；

(3) 一旦打印机空闲，输出进程便从请求打印队列的队首取出一张请求打印表，根据表中要求将要打印的数据从输出井传送到内存缓冲区，再由打印机进行打印。

10. 答：(1) 将抽象要求转化为具体要求。

(2) 检查 I/O 请求的合法性。

(3) 读出和检查设备的状态。

(4) 传送参数。

(5) 设置工作方式。

(6) 启动 I/O 设备。

11. 答：(1) 对 I/O 管理软件屏蔽 I/O 设备细节，实现 I/O 管理软件的设备无关性；

(2) 设备驱动程序与硬件紧密相关，是 OS 底层中和 I/O 设备相关的一部分；

(3) 驱动程序的大部分一般用汇编语言书写；

(4) 设备驱动程序与 I/O 控制方式相关；

(5) 设备驱动程序可以动态加载。

12. 答：(1) RAID0 级。本级仅提供了并行交叉存取。

(2) RAID1 级。它具有磁盘镜像功能。

(3) RAID3 级。这是具有并行传输功能的磁盘阵列。

(4) RAID5 级。这是一种具有独立传送功能的磁盘阵列。

(5) RAID6 级和 RAID7 级。这是强化了的 RAID。

13. 答：虚拟设备是通过某种技术将一台独占设备改造为可以供多个用户共享的共享设备。

共享打印机的工作流程如下：当用户进程请求打印输出时，SPOOLing 系统同意为他打印输出,但并不真正把打印机分配给该用户进程,而只为他做两件事:①由输出进程在输出井中为之申请一空闲盘块区,并将要打印的数据送入其中;②输出进程再为用户进程申请一张空白的用户请求打印表,并将用户的打印要求填入其中,再将该表挂到请求打印队列上。如果还有进程要求打印输出,系统仍可接受该请求,也同样为该进程做上述两件事。

如果打印机空闲,输出进程将从请求打印队列的队首取出一张请求打印表,根据表中的要求将要打印的数据从输出井传送到内存缓冲区,再由打印机进行打印。打印完毕,输出进程再查看请求打印队列中是否还有等待要打印的请求表。若有,再取出一张表,并根据其中的要求进行打印,如此下去,直至请求队列空为止,输出进程才自己阻塞起来,等待下次再有打印请求时才被唤醒。

14. 答:磁盘上一块的位置是由三个参数确定的,即:柱面号、磁头号、扇区号。存取信息时首先根据柱面号控制移动臂作机械的横向运动,带动读/写磁头到达指定柱面(移臂操作);再按磁头号确定信息所在的盘面,然后等待访问的扇区旋转到读写头下(旋转延迟);由指定的磁头进行存取(数据传输)。对一物理块访问的三部分时间中,移臂操作所占时间最长,为了减少移动臂移动花费的时间,存放信息时是按柱面存放,同一柱面上的磁道放满后,再放到下一个柱面上。

第 7 章　文件管理

7.1　例题解析

例题 1　在文件系统中,用户以_____方式直接使用外存。

　　A. 逻辑地址　　B. 逻辑地址　　C. 名字空间　　D. 虚拟地址

分析：答案 C。用户给出文件名,文件系统根据文件名找到在外存的地址。

例题 2　文件信息的逻辑块号到物理块号的变换是由_____决定的。

　　A. 逻辑结构　　B. 页表　　C. 物理结构　　D. 分配算法

分析：答案 C。文件的物理结构是指文件在存储设备上的存放方法。它决定了文件信息在存储设备上的存储位置,从而也决定了逻辑地址到物理地址的变换。

例题 3　文件系统实现按名存取主要是通过_____来实现的。

　　A. 查找位示图　　　　　　B. 查找文件目录

　　C. 查找作业表　　　　　　D. 内存地址转换

分析：答案 B。为了有效地利用文件存储空间,以及迅速准确地完成文件名到文件物理块的转换,必须把文件名及其结构信息等按一定的组织结构排列,以方便文件的搜索。文件名中对该文件实施管理的控制信息称为该文件的文件说明,并把一个文件说明按一定的逻辑结构存放到物理存储块的一个表目中。利用文件说明信息,可以完成对文件的创建、检索以及维护。我们把一个文件的文件说明称为该文件的目录项,每个文件都有其目录项,它们共同组成文件目录。

例题 4　文件系统采用二级文件目录,主要是为_____。

　　A. 缩短访问存储器的时间　　B. 实现文件共享

　　C. 节省内存空间　　　　　　D. 解决不同用户间文件命名冲突

分析：答案 D。在二级文件目录中,各文件的说明信息被组织成目录文件,且以用户为单位把各自的文件说明划分为不同的组。这样,不同的用户可以使用相同的文件名,从而解决了文件的重名问题。

例题 5　磁盘上的文件是以_____为单位读写的。

A. 块　　　　　B. 记录　　　　　C. 区段　　　　　D. 页面

分析：答案 A。磁盘是一种块设备，通常每一块的容量是 512B，对磁盘上的文件是以块为单位访问的。

例题 6　文件索引表的主要内容包括关键字(记录号)和_____。

A. 内存绝对地址　　　　　　　　B. 记录相对位置

C. 记录所在的磁盘地址　　　　　D. 记录逻辑地址

分析：答案 C。索引结构的文件，其索引表中主要应包含"记录号"和"该记录存放的磁盘地址"两项内容，对这种结构的文件既可按顺序方式访问，又可按随机方式访问。

例题 7　有一磁盘组共有 10 个盘面，每个盘面上有 100 个磁道，每个磁道有 16 个扇区，假设分配以扇区为单位，若使用位示图管理磁盘空间，问位示图需要占用多少空间？若空白文件目录的每个表目占用 5B，问什么时候空白文件目录大于位示图？

答：扇区数：$16 \times 100 \times 10 = 16\,000$

用位示图表示扇区数状态需要的位数为 $16\,000b = 2000B$

因为空白文件目录的每个表目占用 5B，所示位示图需要占用 2000B，

2000B 可存放表目 $2000 \div 5 = 400$

所以当空白区数目大于 400 时，空白文件目录大于位示图。

例题 8　某文件系统为一级目录结构，文件的数据一次性写入磁盘，已写入的文件不可修改，但可多次创建新文件。请回答如下问题。

(1) 在连续、链式、索引三种文件的数据块组织方式中，哪种更合适？要求说明理由。为定位文件数据块，需要 FCB 中设计哪些相关描述字段？

(2) 为快速找到文件，对于 FCB，是集中存储好，还是与对应的文件数据块连续存储好？要求说明理由。

答：(1) 连续更合适。因为一次写入不存在插入问题。连续的数据块组织方式完全可以满足一次性写入磁盘。同时连续文件组织方式减少了其他不必要的空间开销，而连续的组织方式顺序查找读取速度是最快的。

(2) FCB 集中存储好。目录是存在磁盘上的，所以检索目录的时候需要访问磁盘，速度很慢；集中存储是将文件控制块的一部分数据分解出去，存在另一个数据结构中，而且目录中仅留下文件的基本信息和指向该数据结构的指针，这样一来就有效地缩短减少了目录的体积，减少了目录在磁盘中的块数，于是检索目录时读取磁盘的次数也减少，于是就加快了检索目录的次数。

例题 9　假定一个盘组共有 100 个柱面，每个柱面上有 8 个磁道，每个盘面分成 4 个扇区，请回答如下问题。

(1) 用位示图方法表示，位示图需占多少存储单元？

(2) 当有文件要存放到磁盘上时，用位示图方式应如何进行空间分配？

(3) 当要删除某文件时,用位示图方式应如何进行?

答:(1) 假定一个盘组共有 100 个柱面,每个柱面上有 8 个磁道,每个盘面分成 4 个扇区。那么,整个磁盘空间共有 $4×8×100=3200$ 个存储块。

位示图用二进制中的一位表示磁盘中一个盘块的使用情况。如果用字长为 32 位的单元来构造位示图,共需 3200/32=100 个字。

若磁盘空间的存储块按柱面编号,则第一个柱面上的存储块号为 0~31,第二个柱面上的存储块号为 32~63,…,依次计算,位示图中第 i 个字的第 j 位($i=0,1,…,99$;$j=0,1,…,31$)对应的块号为:

$$块号=i×32+j$$

(2) 根据文件需要的块数查位示图中为"0"的位,表示对应的存储块空闲可供使用。一方面在位示图中查到的位上置占用标志"1",另一方面根据查到的位计算出对应的块号,然后确定这些可用的存储块在哪个柱面上,对应哪个扇区,属哪个磁头。

假定 $M=[块号/32]$,$N=块号 \bmod 32$,那么,由块号可计算出:

柱面号$=M$

磁头号$=[N/8]$

扇区号$=N \bmod 4$

于是文件信息就可按确定的地址存放到磁盘上。

(3) 要删去某个文件,归还存储空间时,可以根据归还块的物理地址计算出相应的块号,由块号再推算出它在位示图中的对应位,把这一位的占用标志"1"清成"0",表示该块已成了空闲块。根据归还块所在的柱面号、磁头号和扇区号,计算对应位示图中的字号和位号:

块号=柱面号×32+磁头号×4+扇区号

字号=[块号/32]

位号=块号 mod 32

注意,在实际计算时应根据磁盘的结构确定位示图的构造,以及每个柱面上的块数和每个磁道上的扇区数,列出相应的换算公式。

例题 10 文件系统采用多重索引结构搜索文件内容。设块长为 512B,每个块号长 3B,如果不考虑逻辑块号在物理块号中所占的位置,分别求二级索引和三级索引时可寻址的文件最大长度。

答:块长为 512B,每个块号长 3B,所以一个索引块可以存放 170 个盘块号。

二级索引时,最多可包含存放文件的盘块的盘块号总数为 170×170,所以可寻址的文件的最大长度为 170×170×512B。

三级索引时,最多可包含存放文件的盘块的盘块号总数为 170×170×170,所以可寻址的文件的最大长度为 170×170×170×512B。

例题 11 说明文件的保护和保密各自的含义。

答：文件系统在实现文件共享时，应考虑文件的安全性，安全性体现在文件的保护和保密两个方面。

文件的保护是指防止文件被破坏。造成文件可能被破坏的原因有时是硬件故障、软件失误引起的，有时是由于共享文件时引起错误，应根据不同的情况采用不同的保护措施。

(1) 防止系统故障造成的破坏。

为了防止各种意外破坏文件，可以采用建立副本和定时转储的方法来保护文件。

(2) 防止用户共享文件时造成的破坏。

为了防止不同用户使用文件时破坏文件，可规定各用户对文件的使用权限。例如，只读、读/写、执行、不能删除等。对多用户可共享的文件采用树状目录结构，能得到某级目录权限就可得到该级目录所属的全部目录和文件，按规定的存取权限去使用目录或文件。

文件的保密是指防止他人窃取文件。"口令"和"密码"是两种常见的方法。一旦为文件在目录中设置口令后，文件使用者必须提供口令，只有提供的口令与设置的口令一致时才可使用该文件，否则无法使用。"密码"是把文件信息翻译成密码形式保存，使用时再解密。密码的编码方式只限文件主及允许使用该文件的用户知道，但这种方法增加了文件编码和译码的开销。

7.2 课后自测题

一、选择题

1. 文件系统的主要目的是_____。
    A. 实现对文件的按名存取   B. 实现虚拟存储
    C. 提供外存的读写速度   D. 用于存储系统文件

2. 在下列文件的外存分配方式中，不利于文件长度动态增长的文件物理结构是_____。
    A. 连续分配   B. 链接分配   C. 索引分配   D. 以上都不对

3. _____不是文件系统的功能之一。
    A. 方便用户使用信息   B. 提供用户共享信息的手段
    C. 提高信息安全程度   D. 分配磁盘的存储空间
    E. 驱动外部设备

4. 文件系统中，使用_____管理文件。
    A. 堆栈结构   B. 指针   C. 目录   D. 页表

5. 文件系统是指_____。
   A. 文件的集合
   B. 文件的目录集合
   C. 实现文件管理的一组软件
   D. 文件、管理文件的软件及数据结构的总体
6. 文件管理实际上是管理_____。
   A. 主存空间　　　B. 辅助存储空间　　C. 逻辑地址空间　　D. 物理地址空间
7. 文件系统在创建一个文件时,为它建立一个_____。
   A. 文件目录　　　B. 目录文件　　　C. 逻辑结构　　　D. 逻辑空间
8. 面向用户的文件组织机构属于_____。
   A. 虚拟结构　　　B. 实际结构　　　C. 逻辑结构　　　D. 物理结构
9. 按文件用途来分,编译程序是_____。
   A. 用户文件　　　B. 档案文件　　　C. 系统文件　　　D. 库文件
10. 将信息加工形成具有保留价值的文件是_____。
    A. 库文件　　　B. 档案文件　　　C. 系统文件　　　D. 临时文件
11. 如果文件系统中有两个文件重名,不应采用_____。
    A. 一级目录结构　B. 树状目录结构　C. 二级目录结构　D. A 和 C
12. 文件系统采用二级文件目录可以_____。
    A. 缩短访问存储器的时间　　　　B. 实现文件共享
    C. 节省内存空间　　　　　　　　D. 解决不同用户间的文件命名冲突
13. 有一个长度为 3000 个字节的流式文件要存储在磁盘上,磁盘的每块可以存放 512 个字节,该文件至少用_____块。
    A. 5　　　　　　B. 6　　　　　　C. 7　　　　　　D. 3000
14. 文件的存储方法依赖于_____。
    A. 文件的物理结构　　　　　　　B. 存放文件的存储设备的特性
    C. A 和 B　　　　　　　　　　　D. 文件的逻辑结构
15. 使用绝对路径名访问文件是从_____开始按目录结构访问某个文件。
    A. 当前目录　　　B. 用户主目录　　C. 根目录　　　　D. 父目录
16. 目录文件所存放的信息是_____。
    A. 某一文件存放的数据信息
    B. 某一文件的文件目录
    C. 该目录中所有数据文件目录
    D. 该目录中所有子目录文件和数据文件的目录

17. 对顺序文件做读文件操作时,总是从_____按顺序读出信息。
    A. 文件头部向后   B. 文件中部开始   C. 文件尾部开始   D. 当前位置开始
18. 在文件系统中,要求物理块必须连续的物理文件是_____。
    A. 顺序文件   B. 链接文件   C. 索引文件   D. 多重索引文件
19. 对文件存取时必须按指针进行,效率较低,采用这种物理结构的是_____。
    A. 顺序文件   B. 链接文件   C. 索引文件   D. 多重索引文件
20. 若用户总是要求用随机存取方式查找文件记录,则采用索引结构比采用链接结构_____。
    A. 麻烦   B. 方便
    C. 一样   D. 有时方便有时麻烦
21. 文件系统中若文件的外存分配方式采用连续分配,则文件控制块 FCB 中有关文件的物理位置的信息应包括_____。
    (Ⅰ)起始块号　(Ⅱ)文件长度　(Ⅲ)索引表地址
    A. 全部   B. (Ⅰ)和(Ⅱ)   C. (Ⅰ)和(Ⅲ)   D. (Ⅱ)和(Ⅲ)
22. 操作系统为保证未经文件拥有者授权,任何其他用户不能使用该文件所提供的解决方法是_____。
    A. 文件保护   B. 文件保密   C. 文件转储   D. 文件共享
23. 下面关于顺序文件和链接文件的论述中正确的是_____。
    A. 顺序文件只能建立在顺序存储设备上,而不能建立在磁盘上
    B. 在显式链接文件中是在每个盘块中设置一链接指针,用于将文件的所有盘块链接起来
    C. 顺序文件采用连续分配方式,而链接文件和索引文件则都可采用离散分配方式
    D. 在 MS-DOS 中采用的是隐式链接文件结构
24. 下面关于索引文件的论述中正确的是_____。
    A. 在索引文件中,索引表的每个表项中必须含有相应记录的关键字和存放该记录的物理地址
    B. 对顺序文件进行检索时,首先从 FCB 中读出文件的第一个盘块号,而对索引文件进行检索时,应先从 FCB 中读出文件索引表始址
    C. 对于一个具有三级索引表的文件,存取一个记录必须要访问三次磁盘
    D. 在文件较大时,进行顺序存取比随机存取快
25. 在文件管理中,位示图主要是用于_____。
    A. 磁盘的驱动调动   B. 磁盘空间的分配和回收
    C. 文件目录的查找   D. 页面置换

26. 用_____以防止共享文件可能造成的破坏,但实现起来系统开销太大。

   A. 用户对树状目录结构中目录和文件的许可权规定

   B. 存取控制表

   C. 定义不同用户对文件的使用权

   D. 隐蔽文件目录

27. 下面说法正确的是_____。

   A. 文件系统要负责文件存储空间的管理,但不能完成文件名到物理地址的转换

   B. 多级文件目录中,对文件的访问是通过路径名和用户目录名来进行的

   C. 文件被划分为大小相等的若干个物理块,一般物理块的大小是不固定的

   D. 逻辑记录是对文件进行存取的基本单位

28. 在随机存取方式中,用户以_____为单位对文件进行存取和检索。

   A. 字符串　　　B. 字节　　　C. 数据项　　　D. 逻辑记录

二、填空题

1. 文件系统主要管理计算机系统的软件资源,即对于各种_____的管理。

2. 从用户的角度看,文件系统的功能是要实现_____。为了达到这一目的,一般要建立_____。

3. UNIX 系统中,一般把文件分为_____、_____和_____三种类型。

4. 串联文件是文件_____组织的方式之一,其特点是用_____来存放文件信息。

5. 文件存储器一般都被分成若干大小相等的_____,并以它为单位进行_____。

6. 记录是一组相关_____的集合。文件是具有_____的一组相关_____的集合。

7. 文件存储空间管理的基本方法有_____、_____。

8. 目录文件是由_____组成的,文件系统利用_____完成"按名存取"和对文件信息的共享和保护。

9. 单级(一级)文件目录不能解决_____的问题。多用户系统所用的文件目录结构至少应是二级文件目录。

10. 大多数文件系统为了进行有效的管理,为用户提供了两种特殊操作,即在使用文件前应先_____,文件使用完应_____。

11. 文件的物理存储结构有三种方式,即_____、_____和_____。

12. 逻辑文件包括_____和_____两种,前者是指用户对文件内的信息不再划分独立的单位,整个文件是由一串信息组成,后者是指用户对文件内的信息按逻辑上独立的含义再划分信息单位,每个单位称为一个记录。

13. 文件的存取方式包括_____和_____两种,前者是按信息顺序依次进行读写,而后者是指按任意和次序随机进行读写操作。

14. 在文件目录结构中,每个文件都有一个唯一的路径名,用户指定文件路径名的方式包括_____和_____两种,前者指出了从根目录开始到指定文件的路径,后者指出了从当前目录出发到指定文件的路径。

15. 可将链接式文件中的各记录装入到_____的多个盘块中,并通过_____将它们构成一个队列,其中_____具有较高的检索速度。可将索引文件中的各记录装入到_____的多个盘块中,为每个文件建立一张_____。

16. 进行成组操作时,必须使用内存缓冲区,缓冲区长度等于_____。

17. 利用 Hash 法查找文件时,如果目录中相应的目录项是空的,则表示_____,如果目录中的文件名与指定文件名匹配,则表示_____,如果目录项中的文件名与指定文件名不匹配,则表示_____。

18. 文件的成组与分解操作的优点是_____和_____。

三、问答题

1. 何谓数据项、记录和文件?

2. 何谓逻辑文件?何谓物理文件?

3. 在链接式文件中常用哪种链接方式?为什么?

4. 对目录管理的主要要求是什么?

5. 目前广泛应用的目录结构有哪些?它有什么优点?

6. 设某系统磁盘共有 500 块,块号从 0~499,若用位示图法管理这 500 块的空间,当字长为 32 位时:①位示图需要多少个字?②第 i 字第 j 位对应的块号是多少?

7. 文件控制块中把文件名与文件描述信息分开有什么好处?此时目录项中包含哪些成分?

8. 文件有哪几种逻辑结构?哪几种物理结构?

9. 文件顺序存取与随机存取的主要区别是什么?

10. 文件分配表 FAT 是管理磁盘空间的一种数据结构,用在以链接方式存储文件的系统中记录磁盘分配和跟踪空白磁盘块。其结构如图 7-1 所示。

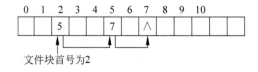

图 7-1 FAT 结构

设物理块大小为 1KB,对于 540MB 硬盘,求 FAT 要占多少存储空间?

11. 一个树状结构的文件系统如图 7-2 所示,其中,矩形表示目录,圆圈表示文件。可否进行下列操作:

(1) 在目录 D 中建立一个文件,取名为 A;

(2) 将目录 C 改为 A。

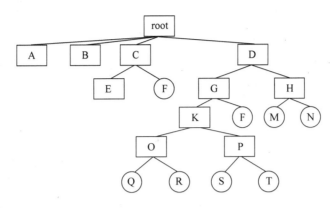

图 7-2 树状结构文件系统

12. 对于文件的保护,可采用"建立副本"和"定时转储",比较这两种处理方式。

7.3 自测题答案及分析

一、选择题

1. A 2. A 3. E 4. C 5. D 6. A 7. C 8. C 9. C 10. B 11. A 12. D
13. B 14. C 15. C 16. D 17. A 18. A 19. B 20. B 21. B 22. A
23. C 24. B 25. B 26. B 27. D 28. D

二、填空题

1. 文件   2. 按名存取,文件目录   3. 普通文件,目录文件,特殊文件
4. 物理,非连续的物理块   5. 物理块,信息交换   6. 数据项,文件名,元素
7. 位示图法,空闲块链接法   8. 文件说明,目录文件   9. 文件重名
10. 打开文件,关闭文件   11. 顺序文件,链接文件,索引文件
12. 无结构的流式文件,有结构的记录文件   13. 顺序存取法,直接存取法
14. 绝对路径,相对路径   15. 离散,链接指针,显示链接,离散,索引表
16. 最大逻辑记录长度乘以成组块因子
17. 系统中无指定文件名,找到了指定的文件,发生了冲突
18. 提高文件存储空间的利用率,减少存储设备的启动次数

三、问答题

1. 答:(1)数据项分为基本数据项和组合数据项。基本数据项描述一个对象某种属性的字符集,具有数据名、数据类型及数据值三个特性。组合数据项由若干数据项构成。
(2)记录是一组相关数据项的集合,用于描述一个对象某方面的属性。
(3)文件是具有文件名的一组相关信息的集合。

2. 答：逻辑文件是物理文件中存储的数据的一种视图方式，不包含具体数据，仅包含物理文件中数据的索引。物理文件又称文件存储结构，是指文件在外存上的存储组织形式。

3. 答：链接方式分为隐式链接和显式链接两种形式。隐式链接是在文件目录的每个目录项中，都含有指向链接文件第一个盘块和最后一个盘块的指针。显式链接则把用于链接文件各物理块的指针，显式地存放在内存的一张链接表中。

4. 答：实现按名存取、提高检索目录的速度、文件共享、允许文件重名。

5. 答：现代操作系统都采用多级目录结构。基本特点是查询速度快、层次结构清晰、文件管理和保护易于实现。

6. 答：①位示图需要[500/32]=16 个字；②第 i 字第 j 位对应的块号是 $32 \times i + j$。

7. 答：目录项只包含：文件名、索引结点编号。

将文件的 FCB 划分为次部和主部两部分具有如下两个主要的优点。

(1) 提高查找速度。查找文件时，需用欲查找的文件名与文件目录中的文件名字相比较。由于文件目录是存于外存的，比较时需要将其以块为单位读入内存。由于一个 FCB 包括许多信息，一个外存块中所能保存的 FCB 个数较少，这样查找速度较慢。将 FCB 分为两部分之后，文件目录中仅保存 FCB 的次部，一个外存块中可容纳较多的 FCB，从而大大地提高了文件的检索速度。

(2) 实现文件连接。所谓连接就是给文件起多个名字，这些名字都是路径名，可为不同的用户所使用。次部仅包括一个文件名字和一个标识文件主部的文件号，主部则包括除文件名字之外的所有信息和一个标识该主部与多少个次部相对应的连接计数。当连接计数的值为 0 时，表示一个空闲未用的 FCB 主部。

8. 答：(1) 逻辑结构是从用户观点看到的文件组织形式，用户可以直接处理的数据及其结构。分为无结构的流式文件和有结构的记录式文件。

(2) 物理结构是文件在存储设备上的存储组织形式。有连续式文件，链式文件(串联文件)和索引文件。

9. 答：(1) 顺序存取是严格按照文件中的物理记录排列顺序依次存取。

(2) 随机存取则允许随意存取文件中的任何一个物理记录，而不管上次存取了哪一个记录。

(3) 对于变长记录式文件，随机存取实际是退化为顺序存取。

10. 答：磁盘共有盘块 540M/1K=540K 个，需要 20 位二进制表示，即 FAT 的每个表项应占 2.5B，2.5B×540K=1350KB。

11. 答：(1) 本题中文件系统采用了多级目录的组织方式，由于目录 D 中没有已命名为 A 的文件，因此在目录 D 中可以建立一个取名为 A 的文件。

(2) 因为在文件系统的根目录下已有一个名为 A 的目录，所以目录 C 不能改为 A。

12. 答：建立副本是指把同一个文件存放到多个存储介质上，当某个存储介质上的文件被破坏时，可用其他存储介质上的备用副本来替换。这种方法简单，但系统开销增大，且当文件更新时必须要改动所有的副本，也增加了系统的负担。因此，这种方法适用于容量较小且极为重要的文件。另一种保护方法是，定时地把文件转储到其他的存储介质上。当文件发生故障时，就用转储的文件来复原，把有故障的文件恢复到某一时刻的状态，仅丢失了自上次转储以来新修改或增加的信息。UNIX 就提供定时转储手段来保护文件，提高文件的可靠性。

第8章 死　锁

8.1　例题解析

例题 1　某系统采用了银行家算法,则下列叙述正确的是＿＿＿＿。
　　A. 系统处于不安全状态时,一定会发生死锁
　　B. 系统处于不安全状态时,可能会发生死锁
　　C. 系统处于安全状态时,可能会发生死锁
　　D. 系统处于安全状态时,一定会发生死锁

分析：答案 B。如果存在一个由系统中所有进程构成的安全序列 P1,…,Pn,则系统处于安全状态。安全状态一定是没有死锁发生。不安全状态下不一定导致死锁。

例题 2　在银行家算法的数据结构中,其中最大需求矩阵 Max,分配矩阵 Allocation 和需求矩阵 Need 三者之间的关系是＿＿＿＿。
　　A. Need[i,j]＝Allocation[i,j]-Max[i,j]
　　B. Need[i,j]＝Max[i,j]＋Allocation[i,j]
　　C. Need[i,j]＝Max[i,j]-Allocation[i,j]
　　D. Need[i,j]＝Max[i,j] * Allocation[i,j]

分析：答案 C。Max[i,j]表示进程 i 需要 R_j 类资源的最大数目；Allocation[i,j]表示进程 i 当前已分得 R_j 类资源的数目；Need[i,j]表示进程 i 还需要 R_j 类资源的数目。

例题 3　死锁产生的必要条件有 4 个,要预防死锁发生,必须破坏死锁的 4 个必要条件之一,但破坏＿＿＿＿条件是不太实际的。
　　A. 请求和保持　　B. 互斥　　C. 不剥夺　　D. 环路等待

分析：答案 B。因为这是由设备的固有特性决定的。

例题 4　预先静态分配法是通过破坏＿＿＿＿条件,来达到预防死锁目的的。
　　A. 互斥使用资源/循环等待资源　　　　B. 非抢占式分配/互斥使用资源
　　C. 占有且等待资源/循环等待资源　　　D. 循环等待资源/互斥使用资源

分析：答案 C。预先静态分配法,这是针对"占有且等待资源""循环等待资源"这两个

条件提出的策略。要求每一个进程在开始执行前就申请它需要的全部资源,仅当系统能满足进程的资源要求且把资源分配给进程后,该进程才能开始执行。这个策略毫无疑问能防止死锁的发生,因为这样做破坏了以上两个条件。

例题 5 通过撤销进程可进行死锁恢复,还可以采用_____方法解除死锁。

A. 阻塞进程　　　　　　　　　B. 资源剥夺

C. 提高进程优先级　　　　　　D. 降低进程优先级

分析:答案 B。采用资源剥夺法,将剥夺的资源分配给死锁进程,以解决死锁。

例题 6 某计算机系统中有 8 台打印机,由 K 个进程竞争使用,每个进程最多需要三台打印机。该系统可能会发生死锁的 K 的最小值是_____。

A. 2　　　　　B. 3　　　　　C. 4　　　　　D. 5

分析:答案 C。K 个进程竞争使用资源,每个进程需要三台打印机,则一个极端的情况是每个进程都获得两台打印机,此时系统已经没有打印机,这种情况仍会致使系统死锁。故而最少需要 $2K+1$ 台打印机,才能解除系统死锁。即,$2K+1 \geqslant 8$,得出 $K \geqslant 4$。故而,K 的最小值为 4。

总结如下:n 个并发进程,每个进程需要 R 类资源 m 个,一个极端的情况就是每个进程都获得了 $(m-1)$ 个资源,但是此时系统仍然死锁。故而还需要一个额外的资源来解除这种死锁。资源 R 最少为 $n(m-1)+1=nm+1-n$。

例题 7 某时刻进程的资源使用情况如表 8-1 所示。

表 8-1　某时刻进程的资源使用情况

进程	已分配资源			尚需资源			可用资源		
	R1	R2	R3	R1	R2	R3	R1	R2	R3
P1	2	0	0	0	0	1	0	2	1
P2	1	2	0	1	3	2			
P3	0	1	1	1	3	1			
P4	0	0	1	2	0	0			

此时的安全序列是_____。

A. P1,P2,P3,P4　　　　　　　B. P1,P3,P2,P4

C. P1,P4,P3,P2　　　　　　　D. 不存在

分析:答案 D。用银行家算法寻找一个安全序列,如表 8-2 所示。

表 8-2　寻找安全序列

进程	Work			Need			Allocation			Work+Allocation			Finish
	R1	R2	R3	R1	R2	R3	R1	R2	R3	R1	R2	R3	
P1	0	2	1	0	0	1	2	0	0	2	2	1	true
P4	2	2	1	2	0	0	0	0	1	2	2	2	true

到此为止,已经找不到一个安全序列。

例题 8 银行家算法的基本思想是什么?

答:将系统中的所有资源比作银行家的资金,每进行一次资源的分配,银行家都要从当前的资源分配情况出发,计算这种分配方案的安全性,如果是安全的,则进行分配,否则选择其他可能的分配方案。这样,每次分配都得计算安全性,从而可以避免死锁的发生。

例题 9 某系统有 A,B,C 三类资源(数量分别为 17,5,20)和 P1~P5 共 5 个进程,在 T0 时刻系统状态如表 8-3 所示。系统采用银行家算法实施死锁避免策略,请回答下列问题。

(1) T0 时刻是否为安全状态?若是,请给出安全序列。

(2) 在 T0 时刻若进程 P2 请求资源(0,3,4),是否能实施资源分配?为什么?

(3) 在(2)的基础上,若进程 P4 请求资源(2,0,1),是否能实施资源分配?为什么?

表 8-3 T0 时刻系统状态

进程	最大资源需求量			已分配资源数量		
	A	B	C	A	B	C
P1	5	5	9	2	1	2
P2	5	3	6	4	0	2
P3	4	0	11	4	0	5
P4	4	2	5	2	0	4
P5	4	2	4	3	1	4

答:(1) 由已知条件可得尚需矩阵 Need 和可用资源向量 Available 如下。

```
     Need        Available
    A B C        A B C
P1  3 4 7        2 3 3
P2  1 3 4
P3  0 0 6
P4  2 2 1
P5  1 1 0
```

利用银行家算法对此时刻的资源分配情况进行分析如表 8-4 所示。

表 8-4 资源分配情况

进程	Work	Need	Allocation	Work+Allocation	Finish
P4	2 3 3	2 2 1	2 0 4	4 3 7	true
P2	4 3 7	1 3 4	4 0 2	8 3 9	true
P3	8 3 9	0 0 6	4 0 5	12 3 14	true
P5	12 3 14	1 1 0	3 1 4	15 4 18	true
P1	15 4 18	3 4 7	2 1 2	17 5 20	true

从上述分析可知,存在一个安全序列 P4,P2,P3,P5,P1,故 T_0 时刻系统是安全的。

(2) 在 T_0 时刻若进程 P2 请求资源(0,3,4),不能实施资源分配。因为当前 C 类资源剩余 3 个而 P2 请求 4 个,客观条件无法满足它的请求,因此不能实施资源分配,P2 阻塞。

(3) 在(2)的基础上,若进程 P4 请求资源(2,0,1),可以实施资源分配。因为由(1)可知,P4 是安全序列中的第一个进程,只要 P4 的请求量没有超出它的尚需量,系统满足它的请求后仍处于安全状态,即仍然存在安全序列 P4,P2,P3,P5,P1。

例题 10 假定某系统当时的资源分配图如图 8-1 所示。

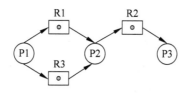

图 8-1 资源分配情况

(1) 分析当时系统是否存在死锁。

(2) 若进程 P_3 再申请 R_3 时,系统将发生什么变化?说明原因。

答:(1) 因为当时系统的资源分配图中不存在环路,所以不存在死锁。

(2) 当进程 P_3 申请资源 R_3 后,资源分配图中形成环路 $P_2 \rightarrow R_2 \rightarrow P_3 \rightarrow R_3 \rightarrow P_2$,而 R_2、R_3 都是单个资源的类,该环路无法消除,所以进程 P_2、P_3 永远处于等待状态,从而引起死锁。

例题 11 对如图 8-2 所示的交通阻塞死锁现象,回答下面的问题。

(1) 说明在此情况下,发生死锁的 4 个必要条件都满足。

(2) 试增加一个简单的约束,以避免死锁现象。

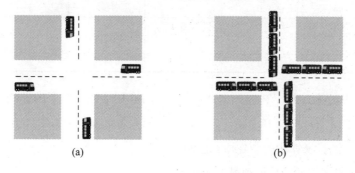

图 8-2 交通阻塞死锁情况

答:(1) 此例中导致死锁的 4 个条件成立。

互斥:每条道路只能被一辆车占有。

占有并等待:每辆车都占用了一段道路,并等待其前方的道路被释放。

非抢占:资源不可抢占。单行线,汽车不能抢路超车。

循环等待:每辆车都等待着前方的汽车把路让出来且形成了一个环路。

(2) 在每个十字路口设置红绿灯,当南北方向的路通车时,东西方向的路上汽车等待,反之亦然。

8.2 课后自测题

一、选择题

1. 资源的按序分配可以破坏_____条件。

   A. 互斥　　　　B. 不可抢占　　　C. 部分分配　　　D. 循环等待

2. 银行家算法是一种_____算法。

   A. 死锁预防　　B. 死锁避免　　　C. 死锁检测　　　D. 死锁解除

3. 在下列选项中,属于解除死锁的方法是_____。

   A. 剥夺资源法　　　　　　　　　　B. 资源分配图简化法

   C. 银行家算法　　　　　　　　　　D. 资源静态分配法

4. 假设 5 个进程 P0、P1、P2、P3、P4 共享三类资源 R1、R2、R3,这些资源总数分别为 18、6、22。T0 时刻的资源分配情况如表 8-5 所示,此时存在的一个安全序列是_____。

表 8-5　T0 时刻资源分配情况

进程	已分配资源			资源最大需求		
	R1	R2	R3	R1	R2	R3
P0	3	2	3	5	5	10
P1	4	0	3	5	3	6
P2	4	0	5	4	0	11
P3	2	0	4	4	2	5
P4	3	1	4	4	2	4

   A. P0, P1, P2, P3, P4　　　　　　B. P1, P0, P3, P4, P2

   C. P2, P1, P0, P3, P4　　　　　　D. P3, P4, P2, P1, P0

5. 下列关于银行家算法的叙述中,正确的是_____。

   A. 银行家算法可以预防死锁

   B. 当系统处于安全状态时,系统中一定无死锁进程

   C. 当系统处于不安全状态时,系统中一定会出现死锁进程

   D. 银行家算法破坏了死锁必要条件中的"请求和保持"条件

6. 两个进程争夺同一资源_____,与申请资源的顺序有关。

   A. 一定死锁　　　　　　　　　　　B. 不一定死锁

   C. 不死锁　　　　　　　　　　　　D. 以上说法都不对

7. 死锁产生的原因之一是_____。
   A. 系统中没有采用 SPOOLing 技术　　B. 使用的 P、V 操作过多
   C. 有共享资源存在　　D. 资源分配不当

8. 死锁的预防是根据_____而采取措施实现的。
   A. 配置足够的系统资源　　B. 使进程的推进顺序合理
   C. 破坏死锁的 4 个必要条件之一　　D. 防止系统进入不安全状态

9. 在下列解决死锁的方法中,属于死锁预防策略的是_____。
   A. 银行家算法　　B. 有序资源分配法
   C. 死锁检测法　　D. 资源分配图化简法

10. 死锁检测时检查的是_____。
    A. 资源有向图　　B. 前趋图　　C. 搜索树　　D. 安全图

11. 为多道程序提供的可共享的资源不足时,可能出现死锁。但是,不适当的_____也可能产生死锁。
    A. 进程优先权　　B. 资源的线性分配
    C. 进程推进顺序　　D. 分配队列优先权

12. 系统出现死锁的原因是_____。
    A. 计算机系统发生了重大故障
    B. 有多个封锁的进程同时存在
    C. 若干进程因竞争资源而无休止地等待着,不释放已占有的资源
    D. 资源数大大少于进程数,或进程同时申请的资源数大大超过资源总数

13. 解决死锁的途径是_____。
    A. 立即关机排除故障
    B. 立即关机再重新开机
    C. 不要共享资源,增加独占资源
    D. 设计预防死锁方法,运行检测并恢复

14. 进程 P1 使用资源情况:申请资源 S1,申请资源 S2,释放资源 S1;进程 P2 使用资源情况:申请资源 S2,申请资源 S1,释放资源 S2,系统并发执行进程 P1,P2,系统将_____。
    A. 必定产生死锁　　B. 可能产生死锁
    C. 会产生死锁　　D. 无法确定是否会产生死锁

15. 以下关于资源分配图的描述中正确的是_____。
    A. 有向边包含进程指向资源类的分配边和资源类指向进程申请边两类
    B. 矩阵框表示进程,其中的原点表示申请同一类资源的各个进程
    C. 圆圈结点表示资源类

D. 资源分配图是一个有向图，用于表示某时刻系统资源与进程之间的状态

二、填空题

1. 产生死锁的原因可以归结为两点：_____和_____。

2. 产生死锁的 4 个必要条件是_____、_____、_____、_____。

3. 目前用于处理死锁的方法可归结为以下 4 种：_____、_____、_____和_____。

4. 在死锁的预防中，摒弃"请求和保持"条件的方法的缺点是_____。

5. 避免死锁的实质在于：_____。

6. 最有代表性的避免死锁算法，是 Dijkstra 的_____。

7. 当发现有进程死锁时，便应立即把它们从死锁状态中解脱出来，常采用的两种方法是_____和_____。

8. 在避免死锁的方法中，允许进程动态地申请资源，系统在进行资源分配之前，先计算资源分配的安全性，是否能进入_____。否则，将不分配资源给进程，来为每个进程分配其所需资源，直至最大需求，使每个进程按顺序完成。若系统不存在一个安全序列，则系统处于不安全状态。

9. 假设系统中仅有一个资源类，使用此类资源的进程共有三个，每个进程至少请求一个资源，它们所需资源最大量的总和为 X，则发生死锁的必要条件是（X 的取值）：_____。

10. 某系统中只有 11 台打印机，N 个进程共享打印机，每个进程要求三台，当 N 取值不超过_____时，系统不会发生死锁。

11. 可以证明，m 个同类资源被 n 个进程共享时，只要不等式_____成立，则系统一定不会出现死锁，用 x 表示每个进程申请该类资源的最大数。

12. 若系统中存在一种进程，它们中的每一个进程都占有了某种资源而又都在等待其他的进程所占有的资源。这种等待永远不能结束，则说明出现了_____。

13. 为了防止死锁的发生，只要采用分配策略使 4 个必要条件中的_____。

14. 使占有并等待资源的条件不成立而防止死锁常用的两种方法：_____和_____。

15. 静态分配资源也称为_____，要求每一个进程在_____就申请它需要的全部资源。

16. 抢夺式分配资源约定，如果一个进程已经占有了某些资源又要申请新资源，而新资源又不能满足必须等待时，系统可以_____该进程已占有的资源。目前抢夺式的分配策略只适用于_____和_____。

17. 解除死锁的方法有两种，一种是_____一个或几个进程的执行以破坏循环等待；另一种是从涉及死锁的进程中_____。

18. 中断某个进程并解除死锁后，此进程可从头开始执行，有的系统允许进程退到发生

死锁之前的那个_____开始执行。

19. 操作系统中要兼顾资源的使用效率和安全可靠,对不同的资源采用不同的分配策略,往往采用死锁的_____、避免和_____的混合策略。

三、问答题

1. 请详细说明可通过哪些途径预防死锁。

2. 在解决死锁问题的几个方法中,哪种方法最易于实现?哪种方法使资源利用率最高?

3. 何谓死锁?产生死锁的原因和必要条件是什么?

4. 一台计算机有 6 台磁带机,由 n 个进程竞争使用,每个进程可能需要两台磁带机,那么 n 是多少时,系统才没有死锁的危险?

5. 假定系统有 4 个同类资源和 3 个进程,进程每次只申请或释放一个资源。每个进程最大资源需求量为 2。请问这个系统为什么不会发生死锁?

6. 在生产者-消费者问题中,如果将两个 P 操作即 P(full)和 P(mutex)互换位置;或者是将 V(full)和 V(mutex)互换位置,结果会如何?

7. 有 R1(两个)、R2(一个)两类资源和两个进程 P1、P2,两个进程均以:申请 R1→申请 R2→申请 R1→释放 R1→释放 R2→释放 R1 的顺序使用资源,求可能达到的死锁点,并画出此时的资源分配图。

8. 某系统有 R1、R2 和 R3 共三种资源,在 T0 时刻 P1、P2、P3 和 P4 这 4 个进程对资源的占用和需求情况如表 8-6 所示,此时系统的可用资源向量为(2,1,2)。试问:

表 8-6　4 个进程对资源的占用和需求

进程	已分配资源			资源最大需求		
	R1	R2	R3	R1	R2	R3
P1	3	2	2	1	0	0
P2	6	1	3	4	1	1
P3	3	1	4	2	1	1
P4	4	2	2	0	0	2

(1) 将系统中各种资源总数和此刻各进程对各资源的需求个数用向量或矩阵表示出来。

(2) 如果此时 P1 和 P2 均发出资源请求向量 Request(1,0,1),为了保证系统的安全性,应该如何分配资源给这两个进程?说明采用策略的原因。

(3) 如果(2)中两个请求立刻得到满足后,系统此刻是否处于死锁状态?

9. 下面关于死锁问题的叙述哪些是正确的?哪些是错误的?说明原因。

(1) 参与死锁的所有进程都占有资源;

(2) 参与死锁的所有进程中至少有两个进程占有资源;

(3) 死锁只发生在无关进程之间；

(4) 死锁可发生在任意进程之间。

10. 某系统中有 10 台打印机，有三个进程 P_1，P_2，P_3，分别需要 8 台，7 台和 4 台。若 P_1，P_2，P_3 已申请到 4 台，两台和两台。试问：按银行家算法能安全分配吗？请说明分配过程。

8.3 自测题答案及分析

一、选择题

1. D 2. B 3. A 4. D 5. B 6. B 7. D 8. C 9. B 10. A 11. C 12. C 13. D 14. A 15. D

二、填空题

1. 竞争资源，进程推进顺序非法

2. 互斥条件，请求和保持条件，不剥夺条件，环路等待条件

3. 预防死锁，避免死锁，检测死锁，解除死锁   4. 资源严重浪费，进程延迟运行

5. 如何使系统不进入不安全状态   6. 银行家算法

7. 剥夺资源，撤销进程   8. 安全状态

9. $X \geq 6$

解析：假设三个进程所需该类资源数分别是 a,b,c 个，因此有：

$$a + b + c = X \tag{1}$$

假设发生了死锁，也即当每个进程都申请了部分资源，还需最后一个资源的时候，而此时系统中已经没有了剩余资源，即：

$$(a-1) + (b-1) + (c-1) \geq 3 \tag{2}$$

把(1)式代入(2)式，可得：

$$X = a + b + c \geq 6 \tag{3}$$

因此，如果发生死锁，则必须满足的必要条件是 $X \geq 6$。

10. 5

解析：最坏情况下，N 个进程每个都得到两台打印机，都去申请第三台，为了保证不死锁，此时打印机的剩余数目至少为一台，则：$11 - 2N \geq 1$，得到 $N \leq 5$。

11. $n(x-1) + 1 \leq m$ 12. 死锁   13. 一个条件不成立

14. 静态分配资源，释放已占资源   15. 预分配资源，开始执行前

16. 抢夺，主存空间，处理机   17. 终止，抢夺资源   18. 校验点   19. 防止，检测

三、问答题

1. 答：(1)摈弃"请求和保持"条件，就是如果系统有足够资源，便一次性把进程需要的

所有资源分配给它；

（2）摈弃"不剥夺"条件，就是已经拥有资源的进程，当它提出新资源请求而不能立即满足时，必须释放它已保持的所有资源，待以后需要时再重新申请；

（3）摈弃"环路等待"条件，就是将所有资源按类型排序标号，所有进程对资源的请求必须严格按序号递增的次序提出。

2. 答：解决死锁的4种方法即预防、避免、检测和解除死锁中，预防死锁最容易实现；避免死锁使资源的利用率最高。

3. 答：死锁是指多个进程在运行过程中因争夺资源而造成的一种僵局，当进程处于这种僵持状态时，若无外力作用，它们都将无法再向前推进。产生死锁的原因为竞争资源和进程间推进顺序非法。其必要条件是：互斥条件、请求和保持条件、不剥夺条件、环路等待条件。

4. 答：对于三个进程，每个进程需要两个磁带机。对于4个进程，磁带机可以按照(2,2,1,1)的方法进行分配，使前面两个进程先结束。对于5个进程，可以按照(2,1,1,1,1)的方法进行分发，使一个进程先结束。对于6个进程，每个进程都拥有一个磁带机同时需要另外一个磁带机，产生了死锁。因此，对于 $n<6$ 的系统来说是不会死锁的。

5. 答：由于每个进程最多需要两个资源，最坏的情况下，每个进程获得一个，系统还剩下一个。这一个资源，无论分配给谁，都能完成。完成进程释放资源后，使剩余进程也完成。故系统不会发生死锁。

6. 答：(1)容易造成死锁。(2)从逻辑上来说应该是一样的。

7. 答：当两个进程都执行完第1步后，无论哪个进程执行完第2步，以后，这两个进程再申请资源时就会死锁，如图8-3所示。

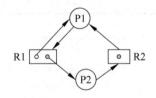

图 8-3 资源分配图

8. 答：(1)系统中资源总数是可用资源数与各进程已分配资源数之和，即
(2,1,2) + (1,0,0) + (4,1,1) + (2,1,1) + (0,0,2) = (9,3,6)

各进程对各资源的需求量为 Max 与 Allocation 之差，即

$$\begin{bmatrix} 3 & 2 & 2 \\ 6 & 1 & 3 \\ 3 & 1 & 4 \\ 4 & 2 & 2 \end{bmatrix} - \begin{bmatrix} 1 & 0 & 0 \\ 4 & 1 & 1 \\ 2 & 1 & 1 \\ 0 & 0 & 2 \end{bmatrix} = \begin{bmatrix} 2 & 2 & 2 \\ 2 & 0 & 2 \\ 1 & 0 & 3 \\ 4 & 2 & 0 \end{bmatrix}$$

(2) 若此时 P1 发出资源请求 Request1(1,0,1),按银行家算法进行检查:

Request$_1$(1,0,1)≤Need$_1$(2,2,2)

Request$_1$(1,0,1)≤Available(2,1,2)

试分配并修改相应的数据结构,资源分配情况如表 8-7 所示。

表 8-7 资源分配情况

进程	Allocation			Need			Available		
P1	2	0	1	1	2	1	1	1	1
P2	4	1	1	2	0	2			
P3	2	1	1	1	0	3			
P4	0	0	2	4	2	0			

利用安全性检查算法检查,可知可用资源向量(1,1,1)已不能满足任何进程的需求,故若分配给 P1,系统将进入不安全状态,因此此时不能将资源分配给 P1。

若此时 P2 发出资源请求 Request$_2$(1,0,1),按银行家算法进行检查:

Request$_2$(1,0,1)≤Need$_2$(2,0,2)

Request$_2$(1,0,1)≤Available(2,1,2)

试分配并修改相应的数据结构,资源分配情况如表 8-8 所示。

表 8-8 资源分配情况

进程	Allocation			Need			Available		
P1	1	0	0	2	2	2	1	1	1
P2	5	1	2	1	0	1			
P3	2	1	1	1	0	3			
P4	0	0	2	4	2	0			

利用安全性检查算法,可得此时刻的安全性分析情况如表 8-9 所示。

表 8-9 安全性分析

进程	Work			Need			Allocation			Work+Allocation			Finish
P2	1	1	1	1	0	1	5	1	2	6	2	3	true
P3	6	2	3	1	0	3	2	1	1	8	3	4	true
P4	8	3	4	4	2	0	0	0	2	8	3	6	true
P1	8	3	6	2	2	2	1	0	0	9	3	6	true

从上面分析可知,存在一个安全序列{P2,P3,P4,P1},故该状态是安全的,可以立即将 P2 所申请的资源分配给它。

(3) 如果(2)中两个请求立即得到满足后,系统此时并没有立即进入死锁状态,因为此时所有进程没有提出新的资源请求,全部进程都没有因资源请求没有得到满足而进入阻塞状态。只有当进程提出新的资源请求且全部进程(指 P1~P4)都进入阻塞状态时,系统才处于死锁状态。

9. 答:说法(1)是错误的,应该是参与死锁的所有进程都等待资源。如图 8-4 所示,参与进程 P1,P2,P3,P4,尽管 P3,P4 不占有资源,但也卷入死锁。

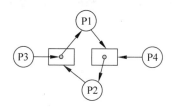

图 8-4 资源分配情况

说法(2)正确。参与死锁的进程至少有两个,设为 P1,P2。P1 占有资源 R1 而等待资源 R2,P2 占有资源 R2 而等待资源 R1。

说法(3)错误。死锁也可能发生在相关进程之间,如 P1 和 P2 也可能是相关进程。

说法(4)正确,死锁既可能发生在相关进程之间,也可能发生在无关进程之间。即死锁可发生在任意进程之间。

10. 答:由题目所给条件,可得如下有关数据结构。

进程	Max	Allocation	Need	Available
P1	8	4	4	2
P2	7	2	5	
P3	4	2	2	

故按银行家算法能安全分配。分配过程是:首先将当前剩余的两台打印机全部分配给 P3,使 P3 得到所需的全部打印机数,从而可运行到完成。P3 完成后,释放的 4 台打印机全部分配给 P1,使 P1 也能运行完成;P1 完成后释放的打印机可供 P2 使用,使 P2 也能运行结束。即系统按 P3,P1,P2 的顺序分配打印机,就能保证系统状态是安全的。

第9章 实验指导

9.1 高响应比作业调度

1. 实验目的和要求

(1) 掌握高响应比作业调度的概念和算法。
(2) 加深对处理机分配的理解。

2. 实验内容

在 Visual C++ 6.0 集成开发环境下使用 C 语言,利用相应的 Win32 API 函数,编写程序实现作业高响应比调度算法,学会运行程序和中断当前程序的运行。

3. 实验原理与提示

作业调度的实现主要有两个问题:一个是如何将系统中的作业组织起来;另一个是如何进行作业调度。高响应比作业调度法(HRN)是对 FCFS 方式和 SJF 方式的一种综合平衡。HRN 调度策略同时考虑每个作业的等待时间长短和估计需要的执行时间长短,从中选出响应比最高的作业投入执行。

响应比 R 定义如下:
$$R = (W + T)/T = 1 + W/T$$

其中,T 为该作业估计需要的执行时间,W 为作业在后备状态队列中的等待时间。

每当要进行作业调度时,系统计算每个作业的响应比,选择其中 R 最大者投入执行。这样,即使是长作业,随着它等待时间的增加,W/T 也就随着增加,也就有机会获得调度执行。这种算法是介于 FCFS 和 SJF 之间的一种折中算法。由于长作业也有机会投入运行,在同一时间内处理的作业数显然要少于 SJF 算法,从而采用 HRN 方式时其吞吐量将小于采用 SJF 法时的吞吐量。另外,由于每次调度前要计算响应比,系统开销也要相应增加。

4. 参考程序

```c
#include <malloc.h>
#include <stdio.h>
#include <string.h>
#define NULL 0
#define N 10
typedef struct table
{   char   name[8];                              /*作业名*/
    float in_well;                               /*进入输入井时间*/
    float begin_run;                             /*开始运行时间*/
    float run_time;                              /*运行时间*/
    float end_run;                               /*结束运行时间*/
    float turnover_time;                         /*周转时间*/
}jobtable;
void init(jobtable job[], int n)                 /*初始化作业表*/
{
    int i,j;
    printf("input %d job information\n",n);
    printf("in_well run_time name\n");
    for(i=0;i<n;i++)
    {
        scanf("%f %f %s",&job[i].in_well,&job[i].run_time,job[i].name);
        job[i].begin_run=0.0;
        job[i].end_run=0.0;
        job[i].turnover_time=0.0;
    }
}
void print (jobtable job[], int n)               /*输出链表*/
{   int i;
    printf("name   in_well   run_time   begin_run   end_run   turnover_time\n");
    for(i=0;i<n;i++)
    {   printf("%s\t%0.1f\t%0.1f\t",job[i].name,job[i].in_well,job[i].run_time);
        if(job[i].begin_run==0.0&&job[i].end_run==0.0&&job[i].turnover_time==0.0)
           printf("                              \n");
        else
           printf("%9.1f%9.1f\t%0.1f\n",job[i].begin_run,job[i].end_run,job[i].turnover_time);
    }
}
void swap(jobtable job[], int p, int q)
{   float temp1;
    char temp2[8];
    strcpy(temp2,job[p].name);strcpy(job[p].name,job[q].name);strcpy(job[q].name,temp2);
```

```c
        temp1 = job[p].in_well; job[p].in_well = job[q].in_well; job[q].in_well = temp1;
        temp1 = job[p].run_time; job[p].run_time = job[q].run_time; job[q].run_time = temp1;
    }
    float response_ratio(jobtable job[], int n)    /*模拟当前作业表的调度过程*/
    {   int i, j, temp;
        float average_time, ratio1, ratio2;
        job[0].begin_run = job[0].in_well;
        job[0].end_run = job[0].begin_run + job[0].run_time;
        job[0].turnover_time = job[0].end_run - job[0].begin_run;
        average_time = job[0].turnover_time;
        for(i = 1; i < n; i++)
        {   if(job[i].in_well <= job[i-1].end_run)
                {   j = i + 1; temp = i;
                    ratio1 = 1 + (job[i-1].end_run - job[i].in_well) * 1.0/job[i].run_time;
                    while(j < n&&job[j].in_well <= job[i-1].end_run)
                    {
                        ratio2 = 1 + (job[i-1].end_run - job[j].in_well) * 1.0/job[j].run_time;
                        if(ratio2 > ratio1)temp = j;
                        j++;
                    }
                    if(temp!= i)
                        swap(job, i, temp);
                }
            job[i].begin_run = job[i-1].end_run;
            job[i].end_run = job[i].begin_run + job[i].run_time;
            job[i].turnover_time = job[i].end_run - job[i].in_well;
            average_time = average_time + job[i].turnover_time;
        }
        return(average_time/n);
    }
    void main()
    {   int n;
        float ave_turnover_time;
        jobtable job[N];
        printf("input job numbers\n");
        scanf("%d", &n);
        if(n <= N)
        {
            printf("按照进入输入井的先后顺序初始化作业表 \n");
            init(job, n);
            printf("initial station \n");
            print(job, n);
            ave_turnover_time = response_ratio(job, n);
            printf("termination station \n");
            print(job, n);
```

```
            printf("ave_turnover_time is:%12.1f\n",ave_turnover_time);
        }
        elseprintf("error!\n");
}
```

运行效果图如图 9-1 所示。

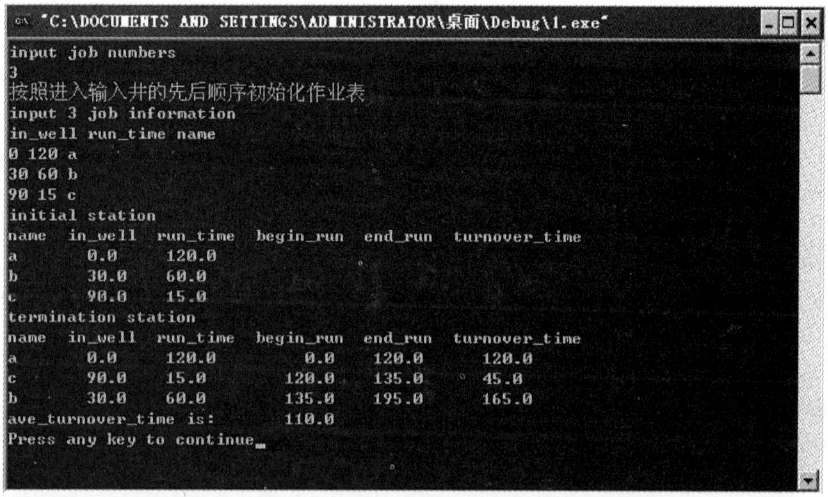

图 9-1 高响应比作业调度运行效果示例

9.2 时间片轮转进程调度

1. 实验目的和要求

（1）掌握时间片轮转进程调度的概念和算法。
（2）加深对处理机分配的理解。

2. 实验内容

在 Visual C++ 6.0 集成开发环境下使用 C 语言，利用相应的 Win32 API 函数，编写程序实现时间片轮转进程调度算法，学会运行程序和中断当前程序的运行。

3. 实验原理与提示

轮转法就是按一定时间片（记为 q）轮番运行各个进程。如果 q 是一个定值，则轮转法是一种对各进程机会均等的调度方法。进程调度算法的数据结构主要有：进程函数定义、建立进程函数、进程调度函数。

4. 参考程序

```c
#include <stdio.h>
#include <stdlib.h>
struct PCB
{
    int pid;                          //进程标识符
    int rr;                           //已运行时间
    int time;                         //进程要求运行时间
    char sta;                         //进程的状态
    struct PCB *next;                 //链接指针
};
struct PCB pcb1,pcb2,pcb3,pcb4,pcb5, *tail, *head, *rp;
void init()                           //初始化各个进程的运行时间
{
    int time;
    pcb1.pid = 1;
    pcb2.pid = 2;
    pcb3.pid = 3;
    pcb4.pid = 4;
    pcb5.pid = 5;
    pcb1.rr = pcb2.rr = pcb3.rr = pcb4.rr = pcb5.rr = 0;
    pcb1.sta = pcb2.sta = pcb3.sta = pcb4.sta = pcb5.sta = 'w';
    printf("请输入进程 p1 需要运行的时间:");
    scanf("%d",&time);
    pcb1.time = time;
    printf("请输入进程 p2 需要运行的时间:");
    scanf("%d",&time);
    pcb2.time = time;
    printf("请输入进程 p3 需要运行的时间:");
    scanf("%d",&time);
    pcb3.time = time;
    printf("请输入进程 p4 需要运行的时间:");
    scanf("%d",&time);
    pcb4.time = time;
    printf("请输入进程 p5 需要运行的时间:");
    scanf("%d",&time);
    pcb5.time = time;
    pcb1.next = &pcb2;
    pcb2.next = &pcb3;
    pcb3.next = &pcb4;
    pcb4.next = &pcb5;
    pcb5.next = &pcb1;
    head = &pcb1;
```

```c
        tail = &pcb5;
}
void printf1()                              //显示表头
{
    printf(" +------------ | ------------ | ------------ | ------------+ \n");
    printf("|\tpid\t|\trr\t|\ttime\t|\tSTA\t|\n");
    printf("| ------------ | ------------ | ------------ | ------------ |\n");
}
void printf2()                              //显示各个进程的初始状态
{
    printf("processes p % d running\n", head -> pid);
    printf1();
    printf("|\t % d\t|\t % d\t|\t % d\t|\t % c\t|\n", head -> pid, head -> rr, head -> time, head -> sta);
    printf("| ------------ | ------------ | ------------ | ------------ |\n");
    rp = head;
    while(rp != tail)
    {
        rp = rp -> next;
        printf("|\t % d\t|\t % d\t|\t % d\t|\t % c\t|\n", rp -> pid, rp -> rr, rp -> time, rp -> sta);
        printf("| ------------ | ------------ | ------------ | ------------ |\n");
    }
}
void operation()                            //运行
{
    int flag = 1;
    while(flag < = 5)
    {
        head -> rr++;
        if((head -> rr == head -> time) || (head -> time == 0))
        {
            tail -> sta = 'w';              //将进程状态设置为等待态
            head -> sta = 'f';              //将进程状态设置为执行态
            printf2();
            head = head -> next;
            tail -> next = head;
            flag++;
        }
        else
        {
            tail -> sta = 'w';              //将进程状态设置为等待态
            head -> sta = 'r';              //将进程状态设置为就绪态
            printf2();
            tail = head;
```

```
            head = head -> next;
        }
    }
}
void main()
{
    init();
    printf2();
    operation();
}
```

运行效果图如图 9-2 所示。

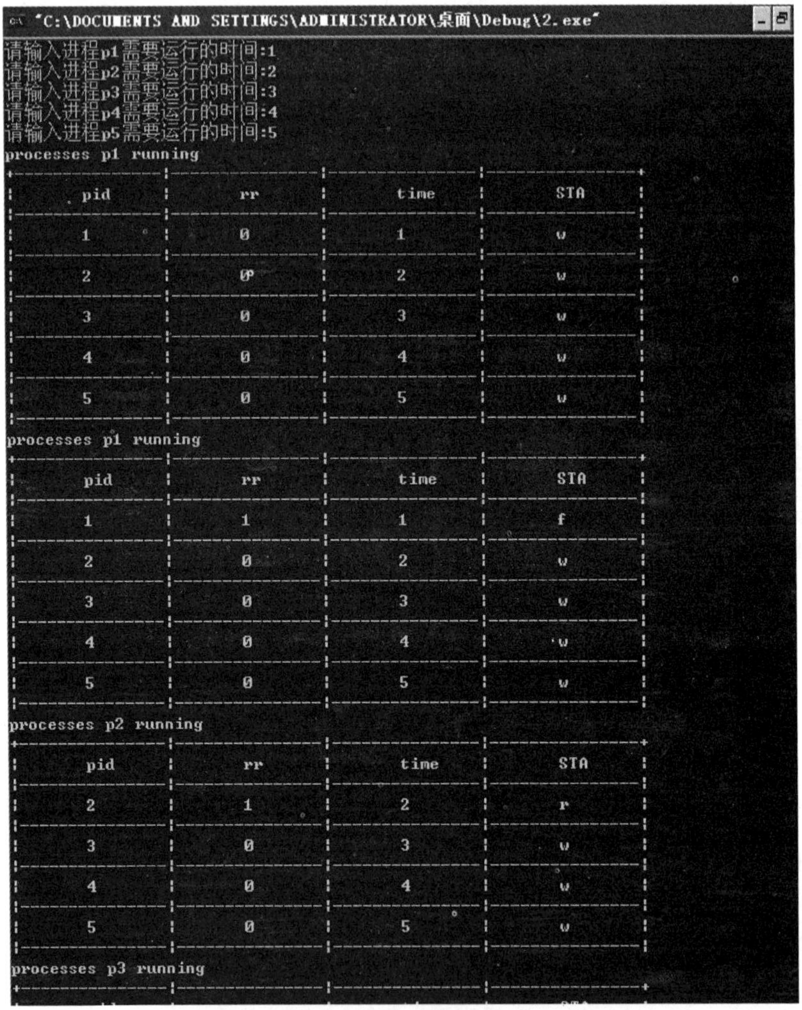

图 9-2 时间片轮转进程调度运行效果示例

9.3 进程同步与互斥

1. 实验目的和要求

（1）理解生产者/消费者模型及其同步/互斥规则。
（2）了解 Windows 同步对象及其特性。
（3）熟悉实验环境，掌握相关 API 的使用方法。
（4）设计程序，实现生产者/消费者进程的同步与互斥。

2. 实验内容

在 Visual C++ 6.0 集成开发环境下使用 C 语言，利用相应的 Win32 API 函数，以生产者/消费者模型为依据，创建一个控制台进程，在该进程中创建 n 个进程模拟生产者和消费者，实现进程的同步与互斥。

3. 实验原理与提示

进程数据结构：每个进程有一个进程控制块（PCB）表示。进程控制块可以包含如下信息：进程类型标号、进程系统号、进程状态（本程序未用）、进程产品（字符）、进程链指针等。系统开辟了一个缓冲区，大小由 buffersize 指定。程序中有三个链队列，一个链表。一个就绪队列（ready），两个等待队列：生产者等待队列（producer）；消费者等待队列（consumer）。一个链表（over），用于收集已经运行结束的进程。

本程序通过函数模拟信号量的原子操作。

算法的文字描述：

（1）由用户指定要产生的进程及其类别，存入就绪队列。
（2）调度程序从就绪队列中提取一个就绪进程运行，如果申请的资源不存在则进入相应的等待队列，调度程序调度就绪队列中的下一个进程；进程运行结束时，会检查相应的等待队列，激活等待队列中的进程进入就绪队列；运行结束的进程进入 over 链表。重复这一过程直至就绪队列为空。
（3）程序询问是否要继续？如果要继续转至（1）开始执行，否则退出程序。

4. 参考程序

```
# include <stdio.h>
# include <malloc.h>
```

```c
#define buffersize 5                        //假设有5个缓冲区
int processnum = 0;                         //初始化产品数量
struct pcb                                  /* 定义进程控制块 PCB */
{
    int flag;
    int numlabel;
    char product;
    char state;
    struct pcb * processlink;
} * exe = NULL, * over = NULL;
typedef struct pcb PCB;
PCB * readyhead = NULL, * readytail = NULL;
PCB * consumerhead = NULL, * consumertail = NULL;
PCB * producerhead = NULL, * producertail = NULL;
int productnum = 0;                         //产品数量
int full = 0, empty = buffersize;           //信号量
char buffer[buffersize];                    //缓冲区
int bufferpoint = 0;                        //缓冲区指针
void linklist(PCB * p, PCB * listhead)      //创建就绪队列
{
    PCB * cursor = listhead;
    while(cursor -> processlink!= NULL){
        cursor = cursor -> processlink;
    }
    cursor -> processlink = p;
}
void freelink(PCB * linkhead)
{
    PCB * p;
    while(linkhead!= NULL)
    {
        p = linkhead;
        linkhead = linkhead -> processlink;
        free(p);
    }
}
void linkqueue(PCB * process, PCB ** tail)  //初始化队列
{
    if((* tail)!= NULL)
    {
        (* tail) -> processlink = process;
        (* tail) = process;
    }
    else {printf("队列未初始化!");}
```

```c
}
PCB* getq(PCB* head,PCB** tail)
{
    PCB* p;
    p = head->processlink;
    if(p!= NULL)
    {
        head->processlink = p->processlink;
        p->processlink = NULL;
        if( head->processlink == NULL )    (*tail) = head;
    }
    else   return NULL;
    return p;
}
bool processproc()                          //初始化进程
{
    int i,f,num;
    char ch;
    PCB* p = NULL;
    PCB** p1 = NULL;
    printf("\n请输入希望产生的进程个数：");
    scanf(" %d",&num);
    getchar();
    for(i = 0;i < num;i++)
    {
        printf("\n请输入您要产生的进程：输入1为生产者进程；输入2为消费者进程\n");
        scanf(" %d",&f);
        getchar();
        p = (PCB*)malloc(sizeof(PCB)) ;
        if( !p) {printf("内存分配失败");return false;}
        p->flag = f;
        processnum++;
        p->numlabel = processnum;
        p->state = 'w';
        p->processlink = NULL;
        if(p->flag == 1)
        { printf("您要产生的进程是生产者,它是第%d个进程。请您输入您要该进程产生的字符：\n",processnum);
            scanf(" %c",&ch);
            getchar();
            p->product = ch;
            productnum++;
            printf("您要该进程产生的字符是%c \n",p->product);
        }
```

```
        else { printf("您要产生的进程是消费者,它是第%d个进程。\n",p->numlabel);}
        linkqueue(p,&readytail);
        }
        return true;
}
bool hasElement(PCB* pro)                    //判断队列中是否有进程存在
{
    if(pro->processlink == NULL)   return false;
    else return true;
}
bool waitempty()                             //判断生产者等待队列是否为空
{
    if(empty<=0)
    {
        printf("进程%d:缓冲区存数,缓冲区满,该进程进入生产者等待队列\n",exe->numlabel);
        linkqueue(exe,&producertail);
        return false;
    }
    else{  empty--;   return true; }
}
void signalempty()                           //唤醒生产者进程
{
    PCB* p;
    if(hasElement(producerhead)){
        p = getq(producerhead,&producertail);
        linkqueue(p,&readytail);
        printf("等待中的生产者进程进入就绪队列,它的进程号是%d\n",p->numlabel);
    }
    empty++;
}
bool waitfull()                              //判断消费者等待队列是否为满
{
    if(full<=0)
    {
        printf("进程%d:缓冲区取数,缓冲区空,该进程进入消费者等待队列\n",exe->numlabel);
        linkqueue(exe,&consumertail);
        return false;
    }
    else{  full--;  return true;}
}
void signalfull()                            //唤醒消费者进程
{
    PCB* p;
    if(hasElement(consumerhead)){
```

```c
        p = getq(consumerhead, &consumertail);
        linkqueue(p, &readytail);
        printf("等待中的消费者进程进入就绪队列,它的进程号是%d\n", p->numlabel);
    }
    full++;
}
void producerrun()                        //生产者进程
{
    if(!waitempty())   return;
    printf("进程%d开始向缓冲区存数%c\n", exe->numlabel, exe->product);
    buffer[bufferpoint] = exe->product;
    bufferpoint++;
    printf("进程%d向缓冲区存数操作结束\n", exe->numlabel);
    signalfull();
    linklist(exe, over);
}
void comsuerrun()                         //消费者进程
{
    if(!waitfull())   return;
    printf("进程%d开始向缓冲区取数\n", exe->numlabel);
    exe->product = buffer[bufferpoint - 1];
    bufferpoint--;
    printf("进程%d向缓冲区取数操作结束,取数是%c\n", exe->numlabel, exe->product);
    signalempty();
    linklist(exe, over);
}
void display(PCB * p)                     //显示进程
{
    p = p->processlink;
    while(p!= NULL){
        printf("进程%d,它是一个", p->numlabel);
        p->flag == 1? printf("生产者\n"):printf("消费者\n");
        p = p->processlink;
    }
}
void main()
{
    char terminate;
    bool element;
    printf("你想开始程序吗?(y/n)");
    scanf("%c", &terminate);
    getchar();
    readyhead = (PCB * )malloc(sizeof(PCB));    //初始化队列
    if(readyhead == NULL) return;
```

```
            readytail = readyhead;
            readyhead -> flag = 3;
            readyhead -> numlabel = processnum;
            readyhead -> state = 'w';
            readyhead -> processlink = NULL;
            consumerhead = (PCB * )malloc(sizeof(PCB));
            if(consumerhead == NULL) return;
            consumertail = consumerhead;
            consumerhead -> processlink = NULL;
            consumerhead -> flag = 4;
            consumerhead -> numlabel = processnum;
            consumerhead -> state = 'w';
            consumerhead -> processlink = NULL;
            producerhead = (PCB * )malloc(sizeof(PCB));
            if(producerhead == NULL) return;
            producertail = producerhead;
            producerhead -> processlink = NULL;
            producerhead -> flag = 5;
            producerhead -> numlabel = processnum;
            producerhead -> state = 'w';
            producerhead -> processlink = NULL;
            over = (PCB * )malloc(sizeof(PCB));
            if(over == NULL) return;
            over -> processlink = NULL;
            while(terminate == 'y')
            {
               if(!processproc())   break;
               element = hasElement(readyhead);
               while(element){
                  exe = getq(readyhead,&readytail);
                  printf("进程%d申请运行,它是一个",exe -> numlabel);
                  exe -> flag == 1? printf("生产者\n"):printf("消费者\n");
                  if(exe -> flag == 1)   producerrun();
                  else comsuerrun();
                  element = hasElement(readyhead);
               }
            printf("就绪队列没有进程\n");
            if(hasElement(consumerhead))
            {
               printf("消费者等待队列中有进程:\n");
               display(consumerhead);
            }
            else {printf("消费者等待队列中没有进程\n");}
            if(hasElement(producerhead))
```

```
{   printf("生产者等待队列中有进程:\n");
    display(producerhead);
}
else {
    printf("生产者等待队列中没有进程\n");
}
printf("你想继续吗?(press 'y' for on)");
scanf(" %c",&terminate);
getchar();
}
printf("\n\n进程模拟完成.\n");
freelink(over);                          //释放空间
over = NULL;
freelink(readyhead);
readyhead = NULL;
readytail = NULL;
freelink(consumerhead);
consumerhead = NULL;
consumertail = NULL;
freelink(producerhead);
producerhead = NULL;
producertail = NULL;
getchar();
}
```

运行效果图如图 9-3 所示。

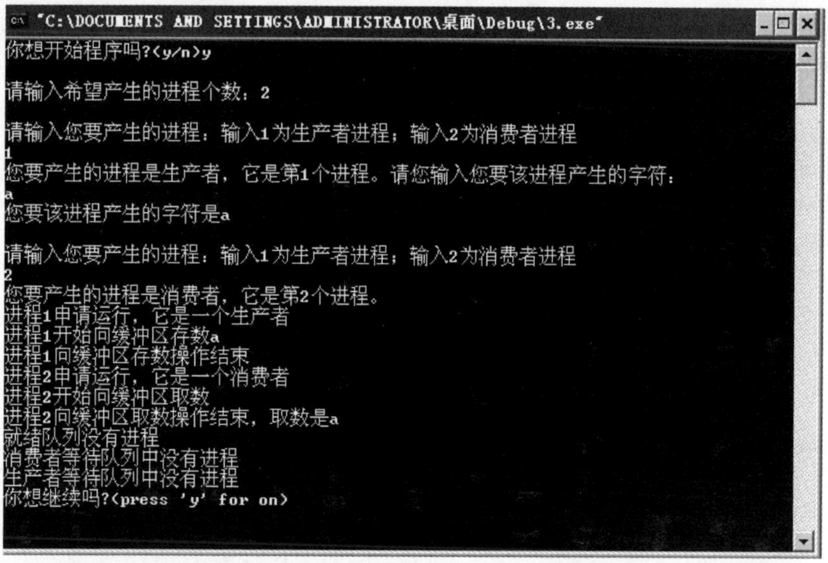

图 9-3 进程的同步和互斥运行效果示例

9.4　内存分配与回收

1. 实验目的和要求

（1）加深对内存分配原理的理解。

（2）深入了解如何分配和回收内存。

2. 实验内容

设计并实现一个简单的内存分配与回收程序。在 Visual C++ 6.0 集成开发环境下,使用 C 语言编写程序实现并进行测试。

3. 实验原理与提示

本实验主要针对操作系统中内存管理相关理论进行实验,要求实验者编写一个程序,该程序管理一块虚拟内存,实现内存分配和回收功能。

（1）设计内存分配的数据结构；

（2）设计内存分配函数；

（3）设计内存回收函数。

4. 参考程序

```
#include "malloc.h"
#include "stdio.h"
#include <iostream>
#include <stdio.h>
#include "stdlib.h"
#define n 10
#define m 10
#define minisize 100

struct
{
    float address;
    float length;
    int flag;
}used_table[n];

struct
{
```

```
        float address;
        float length;
        int flag;
}free_table[m];

void allocate( char J, float xk)
{
    int i, k;
    float ad;
    k =- 1;
    for (i = 0; i< m; i++)
        if (free_table[i].length >= xk&&free_table[i].flag == 1)
            if (k ==- 1 || free_table[i].length< free_table[k].length)
                k = i;
    if (k ==- 1)
    {
        printf("无可用空闲区\n");
        return;
    }

    if (free_table[k].length - xk <= minisize)
    {
        free_table[k].flag = 0;
        ad = free_table[k].address;
        xk = free_table[k].length;
    }
    else
    {
        free_table[k].length = free_table[k].length - xk;
        ad = free_table[k].address + free_table[k].length;
    }

    i = 0;
    while (used_table[i].flag != 0 && i< n)
          i++;
    if (i >= n)
    {
        printf("无表目填写已分分区,错误\n");
        if (free_table[k].flag == 0)
            free_table[k].flag = 1;
        else
        {
            free_table[k].length = free_table[k].length + xk;
            return;
        }
    }
    else
```

```
            used_table[i].address = ad;
        used_table[i].length = xk;
        used_table[i].flag = J;
    return;
}

void reclaim( char J)
{
    int i, k, j, s, t;
    float S, L;
    s = 0;
    while ((used_table[s].flag != J || used_table[s].flag == 0) && s < n)
        s++;
    if (s >= n)
    {
        printf("找不到该作业\n");
        return;
    }
    used_table[s].flag = 0;
    S = used_table[s].address;
    L = used_table[s].length;
    j =-1; k =-1; i = 0;
    while (i < m && (j ==-1 || k ==-1))
    {
        if (free_table[i].flag == 1)
        {
            if (free_table[i].address + free_table[i].length == S)k = i; if (free_table[i].address == S + L)j = i;
        }
        i++;
    }
    if (k !=-1)
        if (j !=-1)
        {
            free_table[k].length = free_table[j].length + free_table[k].length + L;
            free_table[j].flag = 0;
        }
        else
            free_table[k].length = free_table[k].length + L;
    else
        if (j !=-1)
        {
            free_table[j].address = S;
            free_table[j].length = free_table[j].length + L;
        }
        else
        {
```

```c
            t = 0;
            while (free_table[t].flag == 1 && t < m)
                t++;
            if (t >= m)
            {
                printf("主存空闲表没有空间,回收空间失败\n");
                used_table[s].flag = J;
                return;
            }
            free_table[t].address = S;
            free_table[t].length = L;
            free_table[t].flag = 1;
        }
    return;
}

int main()
{
    int i, a;
    float xk;
    char J;
    free_table[0].address = 10240;
    free_table[0].length = 102400;
    free_table[0].flag = 1;
    for (i = 1; i < m; i++)
        free_table[i].flag = 0;
    for (i = 0; i < n; i++)
        used_table[i].flag = 0;
    while (1)
    {
        printf("选择功能项(0-退出,1-分配主存,2-回收主存,3-显示主存)\n");
        printf("选择功项(0~3) :");
        scanf("%d", &a);
        switch (a)
        {
        case 0: exit(0);
        case 1:
            printf("输入作业名J和作业所需长度xk: ");
            scanf("%*c%c%f", &J, &xk);
            allocate(J, xk);
            break;
        case 2:
            printf("输入要回收分区的作业名");
            scanf("%*c%c", &J);
            reclaim(J);
            break;
        case 3:
```

```
            printf("输出空闲区表: \n 起始地址    分区长度    标志\n");
            for (i = 0; i < m; i++)
                printf(" % 6.0f % 9.0f % 6d\n", free_table[i].address, free_table[i].length,
free_table[i].flag);
            printf(" 按任意键,输出已分配区表\n");
            getchar();
            printf(" 输出已分配区表: \n 起始地址    分区长度    标志\n");
            for (i = 0; i < n; i++)
                if (used_table[i].flag != 0)
                    printf(" % 6.0f % 9.0f % 6c\n", used_table[i].address, used_table[i].
length, used_table[i].flag);
                else
                    printf(" % 6.0f % 9.0f % 6d\n", used_table[i].address, used_table[i].
length, used_table[i].flag);
            break;
        default:printf("没有该选项\n");
        }
    }
    return 0;
}
```

运行效果图如图 9-4 所示。

图 9-4　内存分配与回收运行效果示例

9.5 FIFO 页面置换算法

1. 实验目的和要求

(1) 加深对页面置换的概念和算法的理解。
(2) 深入了解 FIFO 页面置换算法。

2. 实验内容

设计并实现一个 FIFO 页面置换算法的应用程序。在 Visual C++ 6.0 集成开发环境下,使用 C 语言编写程序实现并进行测试。

3. 实验原理与提示

(1) 实现先进先出置换算法;
(2) 页面序列从指定的文本文件(TXT 文件)中取出;
(3) 输出:第一行为每次淘汰的页面号,第二行显示缺页的总次数。

4. 参考程序

```
# include "stdio.h"
# include "stdlib.h"
# include "malloc.h"
# include <iostream>
# define null 0
# define len sizeof(struct page)

struct page
{
    int num;
    int tag;
    struct page * next;
};

struct page * create(int n)
{
    int count = 1;
    struct page * p1, * p2, * head;
    head = p2 = p1 = (struct page * )malloc(len);
    p1->tag =-1; p1->num =-1;
```

```c
        while (count < n)
        {
            count++;
            p1 = (struct page * )malloc(len);
            p1 -> tag =- 1; p1 -> num =- 1;
            p2 -> next = p1;
            p2 = p1;
        }
        p2 -> next = null;
        return(head);
    }

    void FIFO( int * array, int n)
    {
        int * p;
        struct page * cp, * dp, * head, * New;
        int count = 0;
        head = create(n);
        p = array;
        while ( * p !=- 1)
        {
            cp = dp = head;
            for (; cp -> num != * p&&cp -> next != null;) cp = cp -> next;
            if (cp -> num == * p) printf(" ! ");
            else
            {
                count++;
                cp = head;
                for (; cp -> tag !=- 1 && cp -> next != null;) cp = cp -> next;
                if (cp -> tag ==- 1)
                {
                    cp -> num = * p;
                    cp -> tag = 0;
                    printf(" * ");
                }
                else
                {
                    New = (struct page * )malloc(len);
                    New -> num = * p;
                    New -> tag = 0;
                    New -> next = null;
                    cp -> next = New;
                    head = head -> next;
                    printf(" % d ", dp -> num);
                    free(dp);
```

```
            }
        }
        p++;
    }
    printf("\nQueye Zongshu : %d \n", count);
}
void main()
{
    FILE *fp;
    char pt;
    char str[10];
    int i, j = 0;
    int page[50], space = 0;
    for (i = 0; i < 50; i++)
        page[i] = -1;
    fp = fopen("page.txt", "r+");
    if (fp == NULL)
    {
        printf("Cann't open the file\n");
        exit(0);
    }
    i = 0;
    while ((pt = fgetc(fp)) != EOF)
    {
        if (pt >= '0' && pt <= '9')
        {
            str[i] = pt; i++;
            space = 0;
        }
        else
        {
            if (pt == ' ' || pt == '\n')
            {
                if (space == 1) break;
                else
                {
                    str[i] = '\0';
                    page[j] = atoi(str);
                    if (pt == '\n') break;
                    else
                    {
                        space = 1;
                        j++;
                        i = 0;
                    }
                }
```

```
                    }
                }
            }
        }
        if (pt == EOF) { str[i] = '\0'; page[j] = atoi(str); }
        i = 0;
        while (page[i] !=-1) { printf(" % d ", page[i]); i++; }
        fclose(fp);
        printf("\n");
        printf(" ! : mean no moved \n * : mean have free space \n\n");
        printf("FIFO ");
        FIFO(page, 3);
}
```

运行效果图如图 9-5 所示。

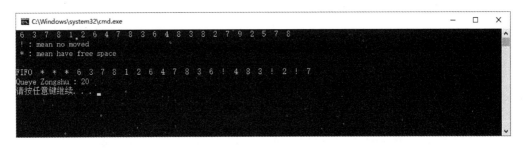

图 9-5　FIFO 运行效果示例

9.6　LRU 页面置换算法

1. 实验目的和要求

（1）加深对页面置换的概念和算法的理解。

（2）深入了解 LRU 页面置换算法。

2. 实验内容

设计并实现一个 LRU 页面置换算法的应用程序。在 Visual C++ 6.0 集成开发环境下，使用 C 语言编写程序实现并进行测试。

3. 实验原理与提示

（1）实现 LRU 置换算法；

（2）页面序列从指定的文本文件（TXT 文件）中取出；

（3）输出：第一行为每次淘汰的页面号，第二行显示缺页的总次数。

4. 参考程序

```c
#include "stdio.h"
#include "stdlib.h"
#include "malloc.h"
#include "iostream"
#define null 0
#define len sizeof(struct page)

struct page
{
    int num;
    int tag;
    struct page *next;
};

struct page *create(int n)
{
    int count = 1;
    struct page *p1, *p2, *head;
    head = p2 = p1 = (struct page *)malloc(len);
    p1->tag = -1; p1->num = -1;
    while (count < n)
    {
        count++;
        p1 = (struct page *)malloc(len);
        p1->tag = -1; p1->num = -1;
        p2->next = p1;
        p2 = p1;
    }
    p2->next = null;
    return(head);
}

void LRU(int *array, int n)
{
    int count = 0, *p = array;
    struct page *head, *cp, *dp, *rp, *New, *endp;
    head = create(n);
    while (*p != -1)
    {
        cp = dp = rp = endp = head;
        for (; endp->next != null;) endp = endp->next;
```

```
            for (; cp->num != *p&&cp->next != null;)
            {
                rp = cp; cp = cp->next;
            }
            if (cp->num == *p)
            {
                printf(" ! ");
                if (cp->next != null)
                {
                    if (cp != head)
                        rp->next = cp->next;
                    else head = head->next;
                }
                endp->next = cp;
                cp->next = null;
            }
            else
            {
                count++;
                cp = rp = head;
                for (; cp->tag !=-1 && cp->next != null;) cp = cp->next;
                if (cp->tag ==-1)
                {
                    printf(" * ");
                    cp->num = *p;
                    cp->tag = 0;
                }
                else
                {
                    New = (struct page *)malloc(len);
                    New->num = *p;
                    New->tag = 0;
                    New->next = null;
                    cp->next = New;
                    dp = head;
                    head = head->next;
                    printf(" %d ", dp->num);
                    free(dp);
                }
            }
            p++;
        }
        printf("\nQueye Zongshu : %d \n", count);
    }
```

```c
void main()
{
    FILE *fp;
    char pt;
    char str[10];
    int i, j = 0;
    int page[50], space = 0;
    for (i = 0; i < 50; i++)
        page[i] = -1;
    fp = fopen("page.txt", "r+");
    if (fp == NULL)
    {
        printf("Cann't open the file\n");
        exit(0);
    }
    i = 0;
    while ((pt = fgetc(fp)) != EOF)
    {
        if (pt >= '0'&&pt <= '9')
        {
            str[i] = pt; i++;
            space = 0;
        }
        else
        {
            if (pt == ' ' || pt == '\n')
            {
                if (space == 1) break;
                else
                {
                    str[i] = '\0';
                    page[j] = atoi(str);
                    if (pt == '\n') break;
                    else
                    {
                        space = 1;
                        j++;
                        i = 0;
                    }
                }
            }
        }
    }
    if (pt == EOF) { str[i] = '\0'; page[j] = atoi(str); }
    i = 0;
```

```
        while (page[i] !=-1) { printf(" %d ", page[i]); i++; }
        fclose(fp);
        printf("\n");
        printf(" ! : mean no moved \n * : mean have free space \n\n");
        printf("\nLRU ");
        LRU(page, 3);
}
```

运行效果图如图 9-6 所示。

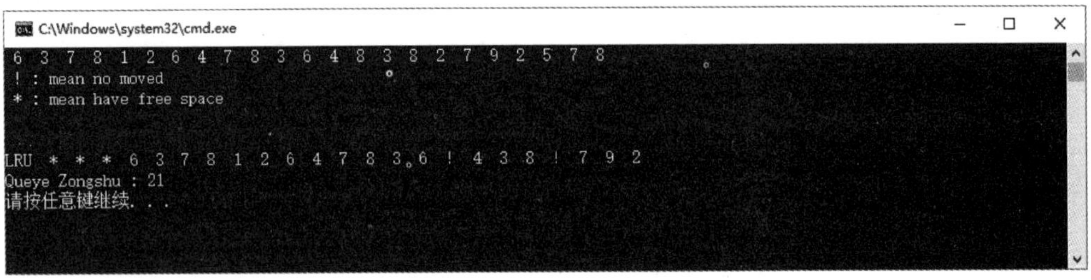

图 9-6 LRU 运行效果示例

9.7 独占设备分配与回收

1. 实验目的和要求

（1）加深对设备管理的理解。
（2）深入了解如何分配和回收独占设备。

2. 实验内容

设计一种独占设备分配和回收的方案，要求满足设备独立性。在 Visual C++ 6.0 集成开发环境下，使用 C 语言编写程序实现这个方案并进行测试。

3. 实验原理与提示

为了提高操作系统的可适应性和可扩展性，现代操作系统中都毫无例外地实现了设备独立性，又叫作设备无关性。设备独立性的含义是：应用程序独立于具体使用的物理设备。

为了实现独占设备的分配，系统设置数据表格的方式也不相同，在实验中只要设计合理即可。这里仅仅是一种方案，采用设备类表和设备表。

1）数据结构

操作系统设置"设备分配表"，用来记录计算机系统所配置的独占设备类型、台数以及分配情况。设备分配表可由"设备类表"和"设备表"两部分组成,如图 9-7 所示。在设备类表中,每类设备对应一行,内容通常包括设备类、总台数、空闲台数和设备表起始地址。设备表中,每台设备对应一行,包括设备物理名、设备逻辑名、占用设备的进程号、是否分配等。在设备表中,同类设备登记在连续的行中。

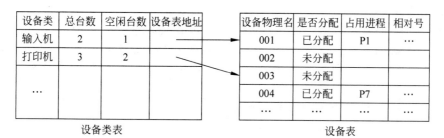

图 9-7 设备类表和设备表

2)设备分配

(1)当进程申请某类设备时,系统先查"设备类表"。

(2)如果该类设备的现存台数可以满足申请要求,则从该类设备的"设备表"始址开始依次查该类设备在设备表中的登记项,找出"未分配"的设备分配给进程。

(3)分配后要修改设备类表中的现存台数,把分配给进程的设备标志改为"已分配"且填上占用设备的进程名。

(4)然后,把设备的绝对号与相对号的对应关系通知用户,以便用户在分配到的设备上装上存储介质。

3)设备回收

当进程执行结束撤离时应归还所占的设备,系统根据进程名查设备表,找出进程占用设备的登记栏,把标志修改成"未分配",清除进程名。同时把回收的设备台数加到设备类表中的空闲台数中。

4. 参考程序

```
# include "stdio.h"
# include "string.h"
# define False 0
# define True 1
# define n 3
# define m 8
struct
{
    char type[10];              //设备类名
    int count;                  //拥有设备台数
    int remain;                 //空闲台数
```

```c
    int address;                        //该类设备在设备表中的起始地址
}equipType[n];                          //设备类表定义,假定系统有 n 个设备类型
struct
{
    int equipID;                        //设备绝对号
    int remain;                         //设备是否已分配
    char jobName[5];                    //占用设备的进程名
    int relNumber;                      //设备分配的相对号
}equipment[m];                          //设备表定义,假定系统有 m 个设备

int allocate(char *J, char *type, int mm)
{
    int i, t;
    //查询该类设备
    i = 0;
    while (i < n && strcmp(equipType[i].type, type) != 0)
        i++;
    if (i >= n)
    {
        printf("无该类设备,设备分配失败!\n");
        return False;
    }
    if(equipType[i].remain < 1)
    {
        printf("该类设备不足,设备分配失败!\n");
        return False;
    }
    t = equipType[i].address;           //取出该类设备在设备表中的起始地址
    while (!(equipment[t].remain == 0))
        t ++;
    //填写进程名、相对号,状态改为已分配
    equipType[i].remain -- ;
    equipment[t].remain = 1;
    strcpy(equipment[t].jobName, J);
    equipment[t].relNumber = mm;
    printf("设备分配成功!\n");
    return True;
}                                       //设备分配函数结束

int reclaim( char *J, char *type)
{
    int i, t, j, k, nn;
    i = 0;
```

```c
    while (i < n && strcmp(equipType[i].type, type) != 0)
        i ++;
    if (i >= n)
    {
        printf("无该类设备,设备回收失败!\n");
        return False;
    }
    t = equipType[i].address;              //取出该类设备在设备表中的起始地址
    j = equipType[i].count;                //取出该类设备的数量
    k = 0;
    nn = t + j;
    for(; t < nn; t++)
        if(strcmp(equipment[t].jobName, J) == 0 && equipment[t].remain == 1)
        {
            equipment[t].remain = 0;
            strcpy(equipment[t].jobName, "");
            equipment[t].relNumber = 0;
            k++;
        }
    equipType[i].remain = equipType[i].remain + k;
    if(k == 0)
        printf("该进程没有使用该类设备!\n");
    printf("设备回收成功!\n");
    return True;
}                                           //设备回收函数结束

int main(int argc, char * argv[])
{
    char J[5];
    int i, mm, a;
    char type[10];
    //设备类表初始化
    strcpy(equipType[0].type, "input");     //输入机
    equipType[0].count = 2;
    equipType[0].remain = 2;
    equipType[0].address = 0;
    strcpy(equipType[1].type, "printer");   //打印机
    equipType[1].count = 3;
    equipType[1].remain = 3;
    equipType[1].address = 2;
    strcpy(equipType[2].type, "tape");      //磁带机
    equipType[2].count = 3;
    equipType[2].remain = 3;
```

```c
equipType[2].address = 5;
//设备表初始化
for(i = 0; i < 8; i++)
{
    equipment[i].equipID = i;
    equipment[i].remain = 0;
}
while (1)
{
    printf("1-分配,2-回收,3-显示,0-退出\n");
    printf("请选择功能项(0-3):");
    scanf("%d", &a);
    switch(a)
    {
        case 1:
            printf("请输入进程名、所需设备类和设备相对号:\n");
            scanf("%s%s%d", J, type, &mm);
            allocate(J, type, mm);
            break;
        case 2:
            printf("请输入进程名和进程归还的设备类:\n");
            scanf("%s%s", J, type);
            reclaim(J, type);
            break;
        case 3:
            printf("输出设备类表:\n");
            printf("设备类型    设备总量    空闲设备\n");
            for(i = 0; i < n; i++)
                printf("%s\t\t%d\t%d\n", equipType[i].type, equipType[i].count, equipType[i].remain);
            printf("输出设备表:\n");
            printf("绝对号    已/未分配    占用进程名    相对号\n");
            for(i = 0; i < m; i++)
                printf("%d\t%d\t\t%s\t%d\n", equipment[i].equipID, equipment[i].remain, equipment[i].jobName, equipment[i].relNumber);
            break;
        case 0:
            exit(0);
    }
}
return 0;
}
```

运行效果图如图 9-8 所示。

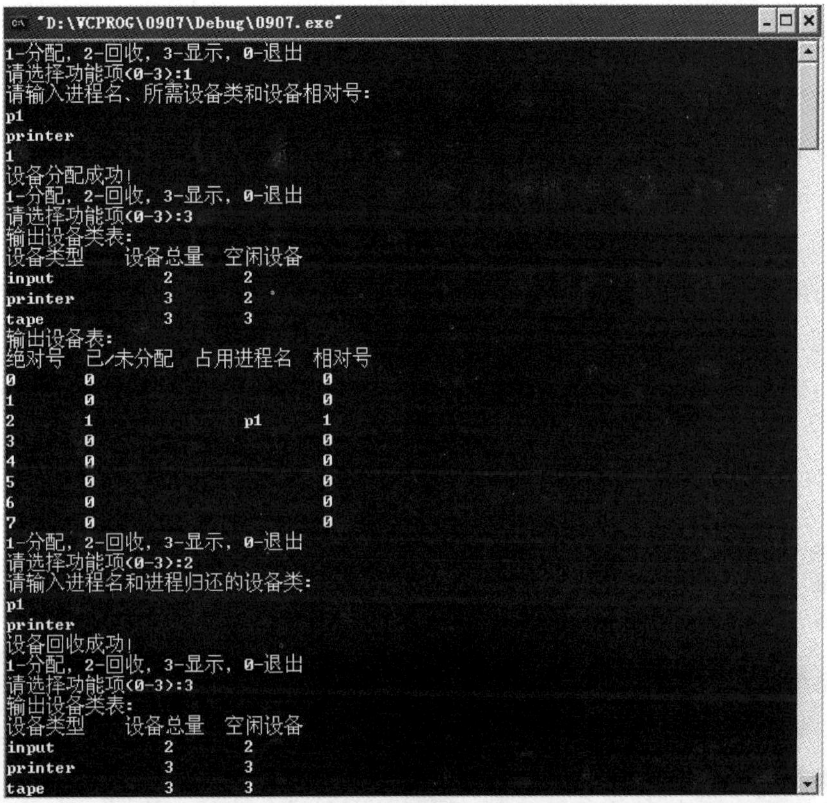

图 9-8 设备分配与回收程序运行效果示例

9.8 银行家算法

1. 实验目的和要求

（1）理解死锁的概念，了解导致死锁的原因。
（2）掌握死锁的避免方法，理解安全状态和不安全状态的概念。
（3）理解银行家算法，并应用银行家算法避免死锁。

2. 实验内容

假定有多个进程对多种资源进行请求，设计银行家算法的数据结构和程序结构，判定是否存在资源分配的安全序列。在 Visual C++ 6.0 集成开发环境下，使用 C 语言编写程序实现这个算法并进行测试。

3. 实验原理与提示

银行家算法的基本思想：分配资源之前，先判断系统是否处于安全状态。若处于安全状态则分配资源，否则不进行分配。该算法是典型的避免死锁算法。

银行家算法的基本结构如下。

设 $Request_i$ 是进程 P_i 的请求向量，如果 $Request_i[j]=k$，表示进程 P_i 需要 k 个 R_j 类型的资源。当 P_i 发出资源请求后，系统按下述步骤进行检查。

(1) 如果 $Request_i[j] \leqslant Need[i,j]$，则转向步骤(2)；否则认为出错，因为它所申请的资源数已经超过所需要的最大数。

(2) 如果 $Request_i[j] \leqslant Available[j]$，则转向步骤(3)；否则表示尚无足够资源，$P_i$ 须等待。

(3) 系统试探着将资源分配给进程 P_i，并修改下面数据结构中的数值。

```
Available[j] = Available[j] - Request_i[j];
Allocation[i,j] = Allocation[i,j] + Request_i[j];
Need[i,j] = Need[i,j] - Request_i[j];
```

(4) 系统在安全状态下执行，每次资源分配前都检查此次资源分配后系统是否仍处于安全状态。若处于安全状态，则将资源分配给进程 P_i；否则，本次试探分配行为取消，恢复原来的资源分配状态，让进程 P_i 等待。

4. 参考程序

```
#include <stdio.h>
#include <string.h>
#define False 0
#define True 1
#define Process_num 5                    //系统中所有进程数量
typedef struct {
    int  r1;
    int  r2;
    int  r3;
}Resource;
//最大需求矩阵
Resource Max[Process_num] =
{ {6,4,3}, {3,2,4}, {9,0,3}, {2,2,2}, {3,4,3} };
//已分配资源数矩阵
Resource Allocation[Process_num] =
{ {1,1,0}, {2,0,1}, {4,0,2}, {2,1,1}, {0,1,2} };
//需求矩阵
```

```c
Resource Need[Process_num] =
{ {5,3,3}, {1,2,3}, {5,0,1}, {0,1,1}, {3,3,1} };
//可用资源向量
Resource Available = {3,3,2};
int safe[Process_num];
//试探分配
void ProbeAlloc(int process, Resource * res)
{
    Available.r1 -= res->r1;
    Available.r2 -= res->r2;
    Available.r3 -= res->r3;

    Allocation[process].r1 += res->r1;
    Allocation[process].r2 += res->r2;
    Allocation[process].r3 += res->r3;

    Need[process].r1 -= res->r1;
    Need[process].r2 -= res->r2;
    Need[process].r3 -= res->r3;
}

//若试探分配后进入不安全状态,将分配回滚
void RollBack(int process, Resource * res)
{
    Available.r1 += res->r1;
    Available.r2 += res->r2;
    Available.r3 += res->r3;

    Allocation[process].r1 -= res->r1;
    Allocation[process].r2 -= res->r2;
    Allocation[process].r3 -= res->r3;

    Need[process].r1 += res->r1;
    Need[process].r2 += res->r2;
    Need[process].r3 += res->r3;
}

//安全性检查
int SafeCheck()
{
    Resource Work = Available;
    int Finish[Process_num] = {False, False, False, False, False};
    int i, j = 0;
```

```c
    for (i = 0; i < Process_num; i++)
    {
        //是否已检查过
        if(Finish[i] == False)
        {
            //是否有足够的资源分配给该进程
            if(Need[i].r1 <= Work.r1 && Need[i].r2 <= Work.r2 && Need[i].r3 <= Work.r3)
            {
                //有则使其执行完成,并将已分配给该进程的资源全部回收
                Work.r1 += Allocation[i].r1;
                Work.r2 += Allocation[i].r2;
                Work.r3 += Allocation[i].r3;
                Finish[i] = True;
                safe[j++] = i;
                i =- 1;                    //重新进行遍历
            }
        }
    }
    //如果所有进程的Finish向量都为true则处于安全状态,否则为不安全状态
    for (i = 0; i < Process_num; i++)
    {
        if (Finish[i] == False)
        {
            return False;
        }
    }
    return True;
}

//资源分配请求
int Request(int process, Resource * res)
{
    //request向量需小于Need矩阵中对应的向量
    if(res -> r1 <= Need[process].r1 && res -> r2 <= Need[process].r2 && res -> r3 <= Need[process].r3)
    {
        //request向量需小于Available向量
        if(res -> r1 <= Available.r1 && res -> r2 <= Available.r2 && res -> r3 <= Available.r3)
        {
            //试探分配
            ProbeAlloc(process, res);
            //如果安全检查成立,则请求成功,否则将分配回滚并返回失败
```

```c
        if(SafeCheck())
        {
            return True;
        }
        else
        {
            printf("安全性检查失败。原因：系统将进入不安全状态,有可能引起死锁。\n");
            printf("正在回滚...\n");
            RollBack(process, res);
        }
    }
    else
    {
        printf("安全性检查失败。原因：请求向量大于可利用资源向量。\n");
    }
}
else
{
    printf("安全性检查失败。原因：请求向量大于需求向量。\n");
}
return False;
}


//输出资源分配表
void PrintTable()
{
    printf("\t\t\t********* 资源分配表 *********\n");
    printf("Process       Max           Allocation       Need          Available\n");
    printf("            r1   r2   r3    r1   r2   r3    r1   r2   r3    r1   r2   r3\n");
    printf("  P0    %d    %d    %d    %d    %d    %d    %d    %d    %d    %d    %d    %d\n", Max[0].r1, Max[0].r2, Max[0].r3, Allocation[0].r1, Allocation[0].r2, Allocation[0].r3, Need[0].r1, Need[0].r2, Need[0].r3, Available.r1, Available.r2, Available.r3);
    printf("  P1    %d    %d    %d    %d    %d    %d    %d    %d    %d\n", Max[1].r1, Max[1].r2, Max[1].r3, Allocation[1].r1, Allocation[1].r2, Allocation[1].r3, Need[1].r1, Need[1].r2, Need[1].r3);
    printf("  P2    %d    %d    %d    %d    %d    %d    %d    %d    %d\n", Max[2].r1, Max[2].r2, Max[2].r3, Allocation[2].r1, Allocation[2].r2, Allocation[2].r3, Need[2].r1, Need[2].r2, Need[2].r3);
    printf("  P3    %d    %d    %d    %d    %d    %d    %d    %d    %d\n", Max[3].r1, Max[3].r2, Max[3].r3, Allocation[3].r1, Allocation[3].r2, Allocation[3].r3, Need[3].r1, Need[3].r2, Need[3].r3);
    printf("  P4    %d    %d    %d    %d    %d    %d    %d    %d    %d\n", Max[4].r1, Max[4].r2, Max[4].r3, Allocation[4].r1, Allocation[4].r2, Allocation[4].r3, Need
```

```
    [4].r1,Need[4].r2,Need[4].r3);
        printf("\n");
}

int main()
{
    int   ch;
    printf("先检查初始状态是否安全。\n");
    if (SafeCheck())
    {
        printf("系统处于安全状态。\n");
        printf("安全序列是{P%d,P%d,P%d,P%d,P%d}.\n", safe[0],safe[1],safe[2],safe[3],safe[4]);
    }
    else
    {
        printf("系统处于不安全状态。程序将退出...\n");
        printf("执行完毕。");
        return 0;
    }
    do
    {
        int   process;
        Resource   res;
        PrintTable();
        printf("请依次输入请求分配的进程和对三类资源的请求数量:\n");
        scanf("%d%d%d%d",&process,&res.r1,&res.r2,&res.r3);
        if (Request(process, &res))
        {
            printf("分配成功。\n");
            printf("安全序列是{P%d,P%d,P%d,P%d,P%d}.\n", safe[0],safe[1],safe[2],safe[3],safe[4]);
        }
        else
        {
            printf("分配失败.\n");
        }
        printf("是否继续分配?(Y/N):");
        ch = getchar();
        ch = getchar();
    } while (ch == 'Y' || ch == 'y');

    return 0;
}
```

运行效果图如图 9-9 所示。

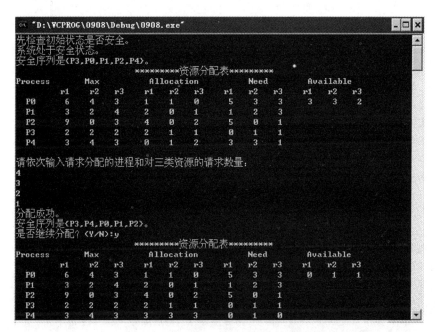

图 9-9　银行家算法程序运行效果示例

参 考 文 献

1. 保蕾蕾等.操作系统考研习题精析.北京：机械工业出版社,2011.
2. 李珍,王煜,张明.操作系统习题解答与实验指导(第三版).北京：中国铁道出版社,2010.
3. 何明,朱宏洁等.软件设计师考试应试指导(第2版).北京：清华大学出版社,2015.
4. 李珍,王煜等.操作系统习题解答与实验指导(第三版).北京：中国铁道出版社,2010.
5. 朱敏.操作系统课程设计.北京：机械工业出版社,2015.
6. 张玉洁,孟祥武.操作系统习题解答与考试复习指导.北京：机械工业出版社,2012.
7. 陆松年.操作系统习题与应用解析.北京：清华大学出版社,2012.
8. 李雄,桂阳.全国硕士研究生入学统一考试：计算机学科专业基础综合考点分析与全真模拟(操作系统分册).北京：电子工业出版社,2010.
9. 曾宪权,冯战中,章慧云.操作系统原理与实践.北京：电子工业出版社,2016.
10. 李春葆等.新编操作系统习题与解析.北京：清华大学出版社,2013.
11. 汤小丹等.计算机操作系统(第四版).西安：西安电子科技大学出版社,2014.
12. 张尧学.计算机操作系统教程(第4版)习题解答与实验指导.北京：清华大学出版社,2013.
13. Brian L Stuart.操作系统原理、设计与应用.葛秀慧,田浩,刘展威等译.北京：清华大学出版社,2010.
14. http://os.cs.tsinghua.edu.cn/oscourse/OS2015/
15. https://github.com/chyyuu/mooc_os
16. http://www.icourses.cn/coursestatic/course_6151.html

图书资源支持

感谢您一直以来对清华版图书的支持和爱护。为了配合本书的使用,本书提供配套的素材,有需求的用户请到清华大学出版社主页(http://www.tup.com.cn)上查询和下载,也可以拨打电话或发送电子邮件咨询。

如果您在使用本书的过程中遇到了什么问题,或者有相关图书出版计划,也请您发邮件告诉我们,以便我们更好地为您服务。

我们的联系方式:

地 址:北京海淀区双清路学研大厦A座707

邮 编:100084

电 话:010—62770175—4604

资源下载:http://www.tup.com.cn

电子邮件:weijj@tup.tsinghua.edu.cn

QQ:883604(请写明您的单位和姓名)

用微信扫一扫右边的二维码,即可关注清华大学出版社公众号"书圈"。

扫一扫
资源下载、样书申请
新书推荐、技术交流